隈研吾 Kengo Kuma 著

陈菁 译

自然 的 建筑

山东人民出版社

目 录

序 章
话说 20 世纪

　　当大家被问道"20 世纪是怎样的时代"时，会怎么回答呢？我会毫不犹豫地说："是混凝土的时代。"

　　混凝土这种材料与 20 世纪这个时代，是如此的匹配。不仅是匹配，混凝土材料还造就了 20 世纪的城市、国家和文化。至今，我们依然生活在它的成果之上。20 世纪的主题是国际化和全球化。一项技术统治全球、世界一体化，是这个时代的中心议题。物流、通信、传媒等领域都实现了全球化，而在建筑、城市领域将全球化变为可能的，正是混凝土材料。

　　首先，混凝土的适用范围很广，不挑剔地点。将薄木板组装起来做成框架的技术，世界各地的人们都能掌握，而混凝土的构成材料砂、碎石、水泥、钢筋也可以在世界任何地方获得。

图 1　勒·柯布西耶／印度
昌迪加尔议会大楼 (1951)

在框架中加入钢筋，注入砂、碎石、水泥，仅此而已。虽说钢结构建筑是 20 世纪的产物，但它与混凝土建筑比起来，难度更高，技术要求也更高。

　　像混凝土这样普及（全球性）的建筑技术，在过往的历史中是没有过的。于是，勒·柯布西耶（注 1）在 20 世纪 50 年代印度平原上的昌迪加尔规划新城市时，利用混凝土随性发挥，完成了仿佛悬浮在空中的巨型雕塑造型的建筑物（图 1）；20世纪 70 年代，路易斯·康在达卡设计孟加拉国国会大厦（图 2）时，也选择使用混凝土来建造模仿古迹外形的建筑；日本丹下健三的杰作以香川县厅舍（图 3）为代表，让人联想起日本传统的木结构建筑，但其大部分作品也都是使用混凝土。他们都是敬畏当地文化、尊重当地风土的伟大建筑家，即便如此，他们都没有采用石材结构、钢结构或木结构建筑的建造工艺，当然也没有选用当地流传已久的传统施工方法。

混凝土的随意性

混凝土这种素材，不仅具有不挑剔场所的普遍性，而且还有另一种普遍性，即可以做出任何造型。换句话说，它拥有随意性。使用混凝土，只需改变框架的构建方法，就可以做出任意弧度的曲面，而要打造笔直的、棱角分明的建筑物骨架自然更不在话下。

因此，刚开始学习建筑的学生都很喜欢用混凝土。在图纸上描画出自己想要设计的外形轮廓，只需在里面填进混凝土，建筑物大概都能与图纸一致。但是要想画钢结构或木质结构建筑物的图纸，就没这么简单了。"接缝处怎么搞的？根本没接好嘛。""这样一来，各个构件之间全是缝隙，不是会透风，或是进虫子吗？"学生往往会被老师这样狠狠地训一通。遗憾的是，其实这些老师自己也不会画钢结构和木质结构的建筑图纸。可见，混凝土建筑是如此超凡的"简易建筑"啊。

外形的随意性，再加上表层的随意性，使得混凝土更易被采用。如果想要表现建筑物的奢华，就在混凝土表面贴上薄薄的石片；想要增加建筑物的高科技感和未来感，就贴上银色的、轮廓清晰的铝板；想要强调自然、生态概念，就贴上木板，或是涂上一层薄薄的硅藻土。

这不是学生们画图时的构想，而是建筑施工时的真实状况。我们身边的大部分建筑，都是像这样，在混凝土上做了许多装

图 2 路易斯·康／达卡
孟加拉国国会大厦（1974）

饰而成的。混凝土这种建筑材料强度很高，在上面安装任何东西都很容易。而且，它具有最好的装饰承载性。从这个意义上说，混凝土是最普遍的材料，因此它可以满足所有设计师的各种设计风格，从低成本建筑到高级建筑，针对所有的档次和成本要求，混凝土都可以巧妙地利用装饰来应对。

这种施工方法就好像电脑绘图中最普遍的一种技法——纹理贴图。我们在用电脑绘图软件绘制建筑图时，首先要从模型设定操作开始。长方体、球体、圆柱体等，输入物体的形状就是模型设定。输入完形状后，接下来就是往上面贴纹理，比如贴"大理石"纹理，或是"杉木板"纹理等。这种操作就是纹理贴图。因为现实中的建筑施工方法就是纹理贴图式的，所以在电脑上，这种绘图方法也变成了主流。甚至可以说，在我们的头脑中，"建筑＝混凝土＋装饰"这个简单的公式正成为主宰。

混凝土具有这种绝对的普及性，还因为它是一种极其坚固的建筑材料。它有极好的抗震性和防火性，也不会被虫类啃噬。这么万能的建筑材料在 20 世纪当然会普及开来。说到普及，就是它不挑剔地点，也不拘泥于建筑风格（从简约的到装饰性的）、类型（从住宅到写字楼），甚至可以满足任何成本预算的要求。

但是，不挑剔地点，反过来说，就是所有的地方都被混凝土这一技术以及它背后隐藏的单一哲学同一化。场所是大自然的别称。多样的场所、多样的大自然，就被混凝土这单一的技术力量破坏了。不拘泥于建筑风格、类型和成本，反过来说，就是在多样的表面装饰背后隐藏的，必然是混凝土这不可动摇的单一本质。这样一来，不仅失去了大自然的多样性，也失去了建筑的多样性。20 世纪，就是这样一个单一的时代。

关于混凝土的"坚固"以及"坚固"的本质，也是我们必须关注、深究的。混凝土是突然凝固的。在此之前，它还是黏稠的、没有固定形态的液体，某个瞬间突然以令人难以置信的速度完成变身，成为坚硬的物质。从那个瞬间开始，整个进程已经无法逆转。混凝土的时间性，就是这种非连续性的时间。木质结构建筑的时间性与它形成鲜明对比。在木质结构建筑中，

图 3　丹下健三／香川县厅舍（1958）

不存在像混凝土那样"特别的时间点"。随着生活的变化，或是随着某些部件的老化，一点一点地修理，一点一点地更替，一点一点地变化。

换个角度来看，20 世纪的人们都在追求像混凝土一样不连续的时间，执著于把没有固定形态的东西固定下来。比如说，为了建造能够容纳一家大小居住的房子，20 世纪的人们努力奋斗。支撑 20 世纪经济的，正是人们这种 "拥有房产"的强烈愿望。人类自身延续下来的地缘、血缘关系遭到破坏，近代家庭作为一个孤立的个体在茫茫人世间漂泊，这都始于 20 世纪。针对近代家庭这种不确定、不安定的个体存在，人们想赋予它某种明确、固定的形式，于是利用住宅贷款建造房子，甚至背上巨额债务，为的就是将家庭"固定"下来。或是想要通过在混凝土公寓这类坚固的"容器"中安身，来"固定"个体存在的不安定感。人们因地缘、血缘关系遭到破坏而变得不安定，于是寄希望于通过混凝土这种坚硬的东西使自己重新稳定下来。

基于同样的道理，国家、自治团体等所有的共同体，都想利用混凝土获得固定而明确的"形式"，以此来消解或试图消解自身存在的各种不安定感。于是，"公共建筑"成为这类应运而生的坚固建筑的别称。由此可见，混凝土是人们表达欲求的最佳素材。

实际上，不安定的事物是无法靠表面的固定来改变的。不安定的事物最需要的应该是柔软性。固定化只是给不安定的事物增加了扭捏的牵绊。或者说，对于已经毫无存在价值的共同体，使用混凝土来固定，更是不必要的投入。混凝土只是行将消亡的不安定事物的最后呼喊。

不可小视的混凝土

更为糟糕的是，本来应该很坚固的混凝土，实际上却极其脆弱。即使我们认为如此"坚固"的混凝土应该永远屹立不倒，但几十年后，它却成为最难处理的建筑垃圾。它的老化程度在表面很难发现，这也是个问题。假如内部的钢筋腐蚀了，或是混凝土本身的坚固度变差了，我们从其表面根本无法了解。无论是木材还是纸张，随着时间的流逝，都会受损。但它们受损的部分都清晰可见。只要替换掉受损的部分，建筑物的生命还可以长久延续下去。木质结构建筑的连续性时间就是这样实现的。只要人们稍具敏锐的观察力，抱持及时替换受损部件的勤勉态度，木质结构建筑就会维持其顽强的生命力，细水长流，永无尽头。与之相反，混凝土建筑最可怕的就是看不到它的内在变化。正因为看不到，所以人们就会设想它有极高的坚固度——其实这已远超出了实际状况——期待它拥有将不固定的事物固定下来的超凡能力。

内在不可见，这正是混凝土的本质所在。所以，在它的表面再做一层装饰也是稀松平常。本来内在已经看不到了，再加上几层装饰，会变得更加不可知，混凝土不透明的本质并没有改变。人们的感觉变得麻木，装饰成了日常工作。

与此相反，如果是在透明玻璃上做装饰，人们就会犹豫不决。这是正常的心理反应。日本传统的木结构建筑就是这种"透明"的建筑。支撑建筑的结构（柱子）全都露在外面。所有的细枝末节都以其本来面目裸露在外，只有这样才算最终完工。如果建筑有所隐蔽，会被视为罪恶。

即使有人在混凝土建筑中作假，没有加入必不可少的钢筋，也丝毫不令人意外。伪装最终归结于混凝土不透明的本质。在20 世纪的日本，虽然原来封闭社会的痼疾——令人窒息的重官僚体制终于得到了遏制，封闭社会的旧体制影响有所缓解，但是随着去地域化进程的推进，不可小视的混凝土背后的黑暗却又凸现出来。因为从表面看不出任何异样，所以内部发生任何状况都不意外。伪装者以混凝土的黑暗作为掩护，从某种意义上说是必然之事。

混凝土容许表象与存在的分裂。因为它可以利用装饰来表现任何事物，这与本质毫无关联。贴上石片，就可以表现权力与财富；贴上铝材和玻璃，就可以表现科技和轻量感的未来；贴上木材和硅藻土，就能够充分表现"自然"。正因如此，在重视表象、表象与存在的分裂不断加剧的 20 世纪，最适应这个时代的素材就是混凝土。

什么是天然素材？

但是，或许有人会说，混凝土也是天然素材。这些人的逻辑是，混凝土的主要材料是砂、碎石、钢铁、水泥，水泥的主要原料是石灰石，所以用这些天然素材组合而成的混凝土自然也是天然素材。是不是天然素材并不是问题所在。天然与人工的界限其实很模糊。比如塑料等石油衍生品，原本是以由某种生物演变成的地下石油为原料的；如果以是否经过加工来划分天然和人工，现在没有经过人类加工的素材基本不存在。

判断是不是天然素材的界限极其模糊。我们不要满足于能够对此加以区分，这么做毫无结果，也不会给某些事物正名。我们必须走得更超前一些。所谓自然建筑，不是用天然素材建造的建筑，当然也不是往混凝土上贴天然素材的建筑。

当某个事物与它所存在的场所产生幸福的联系时，我们就会觉得它是自然的。自然是某种关联性。自然的建筑，就是与场所建立了幸福联系的建筑。场所与建筑幸福地联姻，产生了自然的建筑。

那么，什么是幸福的联系呢？有人给出的定义是，与场所的景观相融合就是幸福的联系。这一定义依然局限于将建筑表象化的建筑观。当把场所当做表象来捕捉时，场所被称作景观。使作为表象的建筑和景观这个表象相融合的想法，简而言之，不过是旁观者对建筑和景观这些身外事的评论罢了。当我们将建筑作为表象来捕捉时，已经将自己抽离了场所这一具体而真实的存在，漂浮其上，仅靠视觉和语言来把握。在混凝土上添加一些装饰，用这种方法摆弄表象，就可以随意创造出"与景观协调一致的建筑"。当发现对景观的加工不再奏效时，我知道这种景观论本身并不完备。

　　植根于场所，与场所相连，为此我们必须重新审视建筑，不是作为表象，而是作为存在。简单说来，所有的事物都是被创造（生产）、被接纳（消费）的。表象是某个事物看起来如何，从这个意义上说，它也是事物被接纳的方式。接纳与消费对于人类来说都是同一性质的活动。另一方面，存在是生产这一行为的结果，存在与生产密不可分，成为一体。当我们不再考虑看起来怎样，而是考虑怎样去创造时，才能了解幸福是什么。幸福的夫妻，并不是表面看起来（表象）很般配的夫妻，而是能够共同创造（生产）的夫妻。

自然的建筑

在 20 世纪，存在与表象分裂，围绕表象的技术过度膨胀的结果是，存在（生产）受到了极端的轻视。有人总结说，20世纪是广告代理商的世纪。围绕表象进行技术竞争的时代的主角，非广告代理商莫属。只要反复操作表象，就能制作出无限量的广告，陆续创造出广告特有的感动与惊喜。但这些与人类本身真正的丰富性毫无关系。

如果想要探讨对于人类而言丰富性究竟是什么，而不是从广告代理商的角度出发，我们就必须再次着眼于如何生产建筑的问题。一定要以那片大地、那个场所为原料，遵循适合那个场所的方法来生产建筑。生产与场所、表象一脉相承。场所当然不是单纯的自然的景观。场所是各种素材，以及围绕素材展开的生活。通过生产这一行为，将素材、生活和表象串联成一体。生产具有这种垂直特性。其结果就是产生了扎根于场所的自然的建筑。弗兰克·劳埃德·赖特（注 2）曾断言，激进派建筑就是扎根于自然的建筑。他说，一定不要忘了"激进"（radical）和"根"（radicel）这两个词有着同样的词源。他宣称，威斯康辛的田园成长经历是他的根，也是其激进主义的原点。

从这个意义上来说，日本的木工也是激进派。他们中间流传着这样一种说法：建房时最好使用取自当地的木材。据说这样做无论从功能性上，还是从外观上，都最匹配。这是职业工

匠的经验之谈，人们不必把它渲染得过于神秘。植根于场所的
生产行为，将存在和表象重新合为一体，工匠们就是用这样最
直观的方式来理解。通过具体的场所——探讨这种方法在现代
实践的可能性，这就是本书的主题。

注 1　勒·柯布西耶（Le Corbusier，本名 Edouard Jeanneret-Gris），
1887~1965，法国建筑师，生于瑞士。他与密斯·凡·德·罗并称为近
代建筑的始祖，以擅长使用混凝土造型而闻名。
注 2　弗兰克·劳埃德·赖特（Frank Lloyd Wright），1867~1959，美
国近代建筑师。提倡有机建筑，设计了前东京帝国饭店。

1

流水——
水平建筑，然后是粒子建筑

水／玻璃 （1995）

　　这是一次不期而遇。我站在悬崖上往下看热海那一片湛蓝的太平洋时，与"那个人"再次相遇。

　　最初遇见"那个人"，我还是小学生。有一天晚上，爸爸从客厅的架子上取下一个木制的小盒子。盒子大小也就刚能盛下香烟或是糖果。这个小木盒既不是日本民间工艺风格，也不是冷峻僵硬的现代派设计，却流露出一种不可思议的质感。"你知道一个叫布鲁诺·陶特的建筑师吗？"爸爸得意地说。这个小盒子是一个叫陶特的世界知名建筑师设计的。我听了以后把盒子翻过来一看，上面盖着日语的烙印——"タウト／井上"。我有点失望："什么啊，虽说是世界知名的，原来还是日本产的。"

　　上大学后，刚开始接触建筑，我在查阅与"陶特"这个耳熟的名字相关的资料时，才了解到"タウト／井上"这个铭牌的由来。1933 年，纳粹掌权的那年，陶特访问日本。准确地说，是他逃到日本。由于被纳粹列入了共产主义嫌犯的黑名单，他经由西伯利亚铁路，渡过日本海，到达了敦贺港。到港后的第二天，也就是 5 月 4 日的一个小插曲，成就了日本近代建筑史上的一段佳话。

　　桂离宫

　　5 月 4 日是陶特的生日，正巧那天他参观了桂离宫。"这是纯粹而原生态的建筑。打动人心，如孩子般纯洁。实现了现

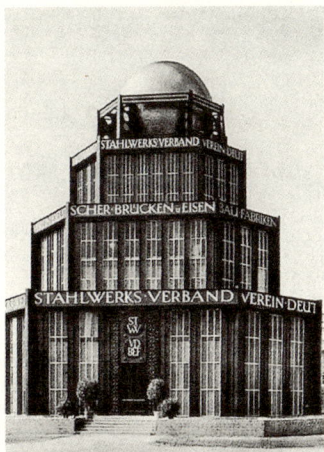

图4　陶特／钢铁纪念碑（1913）

图5　陶特／玻璃亭（1914）

代人的憧憬……这恐怕是我最棒的生日。"（《日本——陶特日记》，田英雄译，岩波书店，1975年）陶特毫无准备，到港后第二天就在日本建筑师的带领下参观了这栋17世纪的建筑。当时的桂离宫还没有今天这么大规模。在庭院里驻足的陶特，仿佛突然受到了雷击般的震撼。毫不夸张，他的直觉告诉他，桂离宫远远超越了20世纪的现代派建筑。

　　另一方面，带领陶特参观桂离宫的日本国际建筑会的建筑师，原以为现代派建筑的领军人物、世界知名的建筑师陶特，会对毫无装饰、极其简约的桂离宫的设计大加赞赏。但是，他们估计错了。当时现代主义正席卷欧洲建筑界，势不可挡，这时的陶特对此已开始用批判的眼光来看待。尽管他本人通过"钢铁纪念碑"（莱比锡国际建筑博览会，钢铁厂联盟及桥梁铁路建设联合会展馆，1913 年。图 4）、"玻璃亭"（德意志制造联盟科隆博览会，玻璃工业展馆，1914 年。图 5）这两个令世人震惊的建筑设计点燃了现代主义之火，但此后面对现代主义的大范围扩张，陶特却变得充满批判性，开始冷静下来。

陶特对当时已经形成一股热潮的现代主义给予批判，认为这是形态主义，他批评当时的明星建筑师勒·柯布西耶和密斯·凡·德·罗（注 1）是形态主义者。

陶特认为，在建筑中，比起形态美，有更为重要的东西。用他的话说，就是"关联性"——主体与世界的关联性。他认为，要将自己这个主体与广阔的世界紧密联系在一起，建筑必须承担起媒介的作用。陶特的观点是，现代派建筑只专注于独立在世界之外的、孤独的形态美，如果这类孤立的建筑不断增加，将会进一步加剧世界的混乱。

那么，有"关联性"的建筑具体是什么样的呢？就在陶特因这个宏大的设问而苦苦思索时，他的面前突然出现了桂离宫。他将其称为"奇迹"。"这个奇迹的精髓在于，关系的样式——即所谓构件相互之间的关系。"（布鲁诺·陶特，《日本美的再发现》，田英雄译，岩波书店，1939 年）

陶特关于桂离宫的言论，作为建筑论似乎让人有些沮丧。这与充当向导的日本国际建筑会的人们所期待的"现代主义赞歌"相去甚远，也不是对传统建筑的赞美。虽说是讨论建筑，却以庭院的话题为中心，而且他的表达相当主观，令人难以理解。因为苦于很难用语言来表述"关联性"这一模糊的概念，陶特只能使用很多模糊的主观表达方式。

自己这个主体是怎样通过建筑、桥梁等辅助物和媒介与庭院（自然）发生联系的？进而又是怎样通过庭院与宇宙及世界诸领域联系在一起的？像这种幽深的场所，桂离宫是如何设计引导的？讲起这些问题，陶特情绪高涨，滔滔不绝。这些艰涩难懂的论调背后是一种坚信，坚信在这长满青苔的庭院中，隐藏着某种超越现代主义的东西。

这种坚信投映到现实作品中的成果，就是他在热海设计的日向邸。我好不容易在一部作品集中找到了一张小小的日向邸的室内照片。这么昏暗的室内是怎么和他的"坚信"发生联系的呢？当时初涉建筑领域的我，完全搞不清楚。

タウト／井上

再次邂逅"那个人"——陶特，是在 1988 年，我开设自己了设计事务所。当时我突然接到高崎的建筑公司井上工业的设计委托。井上工业？好耳熟的名字。陶特在日本待了三年（1933～1936），这段时间给予他经济资助的就是高崎的实业家井上房一郎。他邀请陶特到高崎，住在少林山达摩寺的洗心亭，嘱咐高崎工业试验所配合陶特，还在银座七丁目一角专门开了间名叫"Miratesu"的商店，销售陶特随性设计的家具、小物品、布料等。我父亲当时就是在那里买到了那个木盒，然后把它放在客厅的架子上，小心收藏。

井上工业委托我设计宾馆。井上房一郎先生当时已经九十多岁了。我问他："陶特是个什么样的人啊？"他说："这个人画图很快，经常一个人嘴里嘟哝着'……may be so……'就画开了……"

日向邸

和井上房一郎先生见面之后又过了五年，一个很偶然的机会，我来到热海市的一处悬崖边。一家企业委托我设计迎宾馆，我来做实地考察。这块地位于热海一处名叫东山的海边小高地上。我四处走着，拍些照片，但总有一种奇怪的感觉。隔壁家走出来一位妇人。"您是建筑师吗？那请到我家来看看吧，据说这里是一位叫陶特的建筑师设计的呢。"

又是"那个人"？我无语了。这是我和他第三次相遇。委托我设计的那块地的旁边，竟然是日向邸！我跟随妇人穿过小小的门。外观看起来平淡无奇，就是普通的二层木屋。当时担任住友企业总管的日向利兵卫得到了热海这片临海的坡地，在委托陶特进行设计之前，他做了一个伸向悬崖边的人造混凝土地基，请当地的木工在上面建造了二层木屋。于是，在通往悬

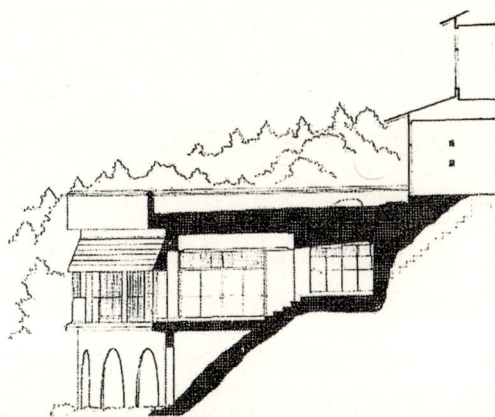

图 6 陶特／日向邸（1936）横断面图

崖的人造地基下，出现了一处令人不可思议的半地下空间，从外部任何地方都看不到。主人委托陶特在这个地窖般的空间里装上拉门，进行内部装修，希望将它改造成甚至可以开舞会的房间。

这是一项很小的内部装修设计工作。没有外观设计，而且外人根本也看不到，在普通的建筑师看来，这项工作毫无价值，更何况是"大师"陶特。但陶特高高兴兴地画完了图纸（他应

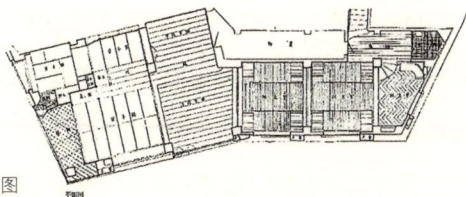

图 7 陶特／日向邸平面图

该会像往常一样嘴里念念有词吧），他对作品很满意，甚至还给他担任柏林市建筑监督官的好朋友马丁·瓦格纳写信炫耀。

但是，当时的日本建筑界完全无法理解这栋房子的设计。本来期待着从欧洲远道而来的"大师"能带来现代主义最尖端的设计典范，他最终完成的却是在日本带有卖弄意味的、尚不完整的昏暗空间。陶特似乎还表现得自信满满，这更加让人不解，人们对陶特的评价急速下滑。他再也没有理由留在日本。陶特决意离开日本，1936年，他踏上了前往伊斯坦布尔的旅程。

半地下的客厅

我跟随妇人下到了半地下的客厅。这是陶特设计的。好像走暗道一样，进入这窄小昏暗的洞穴，正面出现了一面挂满竹子的墙壁。我将视线转向右边，太平洋汹涌的波涛就跃入视野，海浪的声音也回响在耳边。我们应该与大海建立怎样的联系？这就是陶特借这个空间做出的设计。遵循这个主题，室内的地板做了细小的高低落差，确定开口部位的大小尺寸，地板边缘的细节也处理得很用心，墙上贴的壁纸朴素淡雅。

这里出现的"关联性"，绝不是能用相机捕捉下来的。如果将相机对准室内，只能拍到灰暗的墙面；反过来如果朝向大海摁下快门，就只能拍到大海的风光照。主体以这一奇妙的建筑为媒介，与大海（自然）融为一体，这么令人振奋的大事件，照片是无法表现出来的。在被称为"照片时代"的 20 世纪，在所谓的建筑通过"照片"流传、获得好评的 20 世纪，这种"关联性"的本质却无法向人们传达。在照片时代，陶特所否定的形态主义建筑和有独特外形的、雕塑般的建筑是这个时代特有的产物。

房间的木窗上使用的是陶特特意从德国订购的合页，它可以完全打开。如果把窗户全部打开，整个房间就很奇妙地被分为上半部分和下半部分，人们可以爬到上半部分，随意躺卧在地板上，肆意伸展四肢，将整个身体全都交给海浪声。海岸的气息升腾上来，包裹住人们的身体。所有这些都不是照片能表现出来的。虽然实际上大海离这栋建筑附着的悬崖很远，但陶特凭借他画出的辅助线，将大海和建筑联系在一起，使水和身体合而为一。

水面建筑

回到东京后，在陶特设计的房子里"遇到"的那片海，萦绕在我的脑海和身体里，久久不能散去。比起陶特设计的日向邸，难道我不能让大海离我们更近吗？我想，索性设计一栋只停留在水面上的建筑。枕水而眠，眺望波光粼粼的水面，轻拂水面的和煦清风沐浴全身，我想要设计这样的建筑。我想把日向邸旁边的土地上建造的迎宾馆，设计成完全停留在水面上的建筑。

我从小在海边长大，所以很喜欢大海。喜欢大海，不是因为有水的缘故，而是因为水一直都保持着开阔、水平的形态。水很难凸显自己，大海附近基本没有墙壁一类的东西。同是一片大海，如果海边有岩壁的话就不好，让人喜欢不起来。水本身是不会凸显自己的，人们却会因在意岩石站立的形态而分神，导致不能获得充分的放松。当然，混凝土护岸不在这个问题的讨论范围内。还是海边的沙滩最棒，水自然是低姿态的，沙子也很少会表现自己。依靠重力，水和沙子都能轻松保持最大限度的水平，而我们的身体也能够得到充分的放松。

但是，人如果仅停留在水面上是无法生活的，必须有某个东西站出来保护人们的身体。解决这个矛盾的关键，就在于建筑。我认为凸显个体是要极力控制的，有可能的话甚至要彻底消除，所以决定在水面上只突出玻璃。我想给人的直观印象是，这是只用水和玻璃两种物质创造的建筑。在陶特设计的"玻璃亭"（图5）中，室内装饰中也有大量的流水。现在广为流传的一幅照片，是它类似玻璃结晶体的外观照片，从照片中完全无法传达出陶特意图表达的"关联性"。

为了使大海这个水平面离我们的身体更近，在细节上要让作为建筑一部分的水平面边缘不停地满溢，让人感觉建筑物的水平面和眼下的太平洋水平面融为一体（图8）。椭圆

1　流水——水平建筑，然后是粒子建筑

图 8　水／玻璃

形客厅的地面也用玻璃制作，玻璃下面可以感受到水的深度。最终让人感觉玻璃地面和其他的一切都漂浮在水面上。这种处理方法反复用在其他细节处，水和身体就能紧密地联系在一起了。

水面以外的元素，即垂直站立的建筑元素要尽可能地弱化设计，要不断消除垂直物体的存在感。但是，生活并不会因此而变得索然无味。假如垂直要素消失了，人们的意识反过来就会集中于地板下面的水。水在不停运动，既有被称作海浪的"大动作"，也有因风而起的"小动作"。粼粼波光伴随着水的变化而变化，令人百看不厌。

我在观察水面的时候，就开始考虑，在水面上安装屋顶一定要用不锈钢的细格百叶窗。这种屋顶将光粉碎成细小的粒子，使光的粒子在水面上舞动。不透光的屋顶自然做不到这一点，玻璃屋顶也无法将光打碎。必须让水面的粒子和上面投射下来的光的粒子彼此呼应。如果屋顶的光没有被打散成粒子，就这样厚重地倾泻下来的话，厚重的屋顶就谋杀了水面粒子的舞蹈。我还是第一次在作品中使用"百叶窗"这个建筑词汇。百叶窗生成粒子。很庆幸这项工作是与水相对，才让我遇见了百叶窗这个建筑元素。对我来说，这是非常重要的相遇，我遇见了连接自然与建筑的最好的工具。

图9 修拉 /Le Bec Du Hoc,
Grandcamp（1885），伦敦，
泰特美术馆

粒子建筑

我与大海的相遇，就好像画家修拉创造点彩画法的契机一样。据说修拉在描绘诺曼底海域时，创造出了点彩画法（图9）。修拉以前画海，从来没用过点描的方式。他的画笔和普通画家一样，都是用来在画布上重重地涂抹。但当他遇到诺曼底那片闪耀着点点波光的大海时，突然开始用画笔画点。从这一瞬间开始，新印象派诞生，开启了20世纪绘画史新的一页。大海，还有水，打开了粒子的世界，翻开了20世纪绘画史的新篇章。

点彩画法并不是简单的粒子化。每一个粒子都有自己的颜色，传递着各自不同的视觉信息。多样信息的集合，如同模糊的云彩，我们对此是作为一个整体来接受的。这时，对于我们接受者来说，最重要的就是观察粒子云怎样变换姿态，以何种全新面目出现。

　　这个现象我曾多次以彩虹作比喻进行解释。水蒸气粒子的集合体组成了彩虹。正是太阳、粒子和接受者之间的"关联性"，才形成了彩虹。准确地说，这种"关联性"就是彩虹。正像前面提到的，陶特将"关联性"视作桂离宫的本质，这个"关联性"和令彩虹出现的三者之间的"关联性"是同一含义。陶特记述的，是接受者在叫做"桂"的庭院四处漫步时，"桂"这道"彩虹"如何丰富多彩地出现。彩虹不断摇动，同样，"桂"也要不断震动。所以，陶特不得已只能用模糊的写法来记述"桂"。

　　关于粒子的思考，以最精致的形式哲学化的是莱布尼茨。他认为，所有的经验都是由无数细小粒子不安定地结合、震动、交错而产生的。这就是他的"单子论"的核心。他认为，世界必须对这无数的可能永远敞开大门，所有的粒子都是持续性的。正因为是粒子，所以才能够持续。事物一旦停滞，就无法改变，我们也无法再对它有所期待。

　　自然的本质也是持续，自然不会停滞。即使它表面上看起来停滞了，那也是人们用短视的时间标尺来衡量它，好像它被固化了。如果用自然内在的、极其缓慢的时间表来看，所有的事物都是流动的，都是持续的，都是粒子。

　　因"水／玻璃"这个项目与大海相遇之后，在意识到大海是粒子之后，我想要设计粒子建筑的想法变得清晰、明确。

此后，百叶窗这个建筑词汇屡屡在我设计的建筑中出现。百叶窗就是粒子的别名。日本人习惯把百叶窗称作格子窗，它作为连接自然与建筑的道具，一直很受重视，广泛应用于日本建筑中。日本人就是这么热爱粒子，亲近粒子。比起修拉和莱布尼茨，日本人更早也更长久地认识到，是粒子连接起了自然与人类。

注1　密斯·凡·德·罗 (Mies van der Rohe)，1886~1969，德国建筑师。与勒·柯布西耶一起开创了近代建筑的先河。大量使用钢铁和玻璃材料，以设计简单而透明的建筑闻名。后活跃于美国。

2

石材美术馆——
割裂的修复

石材美术馆 (2000)

说实话，在设计这栋建筑之前，我从没想过在建筑中使用石头这种素材。我并不是讨厌石头本身，而是我完全不喜欢最近当石头应用于建筑时，采用的所谓现代施工方法。

在 19 世纪之前，加工石头都不用这种方法。石头应该一块一块垒起来，这是基本。这种施工方法叫做砌体结构。在西欧，基本的建筑施工方法就是这种砌体结构。如果石材不好找，也可以用砖来代替（例如荷兰），但是用人工一块一块垒砌而成的基本动作是不变的。如果追溯历史，埃及的金字塔也是这样用石块垒起来的。在埃及、希腊、罗马、中世纪和文艺复兴时期的西欧，砌体结构长期占据了建筑施工方法的中心位置（图 10）。

作为社会操作系统的建筑

建筑施工方法并不是一种单纯的工程技术，它是文化、文明的核心，或者换一种当下比较流行的说法，就是社会的操作系统（Operating System，简称 OS）。我正是为了谈这个简单的问题，才写的这本书。例如电脑，它是依靠什么操作系统（比如 Windows 或是 Linux）来写软件、运转系统的呢？同样的道理，建筑施工方法也在我们的社会中发挥着巨大的决定性作用。这是因为建筑连接着人类和环境。人类这弱小、无依无靠的个体置身于外部空旷、粗犷的环境中，是建筑发挥着将两者轻松联系在一起的作用。那么在它们之间应该创造些什么？如何将人类和环境联系起来

图10　维特鲁威《建筑十书》
（罗马时代）中出现的砌体结构

呢？这个问题与文化的本质是什么、文明又是什么的提问内涵是一样的。对这个问题的回答就是所谓的建筑。

　　或许会有人说，建筑是社会的操作系统这都是以前的事了，现在电脑的操作系统都已经变了。我却不这么认为。只要人类还一直拥有身体这种具体的物质，建筑作为操作系统的功能就会延续下去。操作系统能够获得各种各样的形态，就好像衣服和鞋子，以极少的接入口将身体和环境联系在一起，建筑并没有失去作为操作系统的意义。如果小看了这个操作系统，身体只能无依无靠、无处安身，在不安定的空间中徘徊。所以，"三只小猪"的童话具有跨时代的教育意义。小猪怎么利用物质来连结环境与它们的身体，与小猪的本质有关。更准确地说，不是有关，而是构成房子的物质正是小猪的本质。

石头的文明

那么，这个操作系统曾有过怎样的形态？现在又怎样呢？西欧是一个通过垒砌石块将人类和环境联系在一起的社会。这就是他们定义的文明。在垒砌石块（砌体结构）的施工方法中，有很多不同的侧面。一个是垒砌沉重坚硬的石块，筑起坚固的墙壁，以它为媒介联系起人类和环境。这是其中一个方面。

另一方面，是石块通过人类的手，一块一块地垒起来。人手精心垒砌，石壁一方面如石头般坚固，另一方面又极具人性，与人类的手紧密联系在一起。

我想再次通过与混凝土的坚固性的对比来看看石壁。首先，我们可以看见，石壁由一块一块的石头个体组成。通过柔弱的人类这一主体的垒砌，石头才能成为整体的建筑。具有决定性的制约条件，反映在个体的大小上。体积过大的石头人们无法处理。因为有人性化的个体尺寸，无论建筑整体多么庞大，在我们和庞大建筑之间，总有石块这个个体尺寸做中介。无论我们面前有多么庞大的整体，只要有了判断整体规模和形态的切入点和线索，就不会感到恐惧。与之相反，混凝土最可怕的是极其光滑，没有任何可供媒介附着在上面的缝隙。借用前面的说法，砌体结构既是厚重的墙壁，但同时兼具粒子的一面。

混凝土不是粒子化的，而砌体结构却是完全的粒子化。

此外，个体存在成为推动西欧数学思维发达的重要因素。没有最小的基本个体，就没有数学。怎样设定个体的大小？也就是首先要将石块切割成多大来做基本个体，怎么组合它们才能形成既坚固又美观的整体？这些失败的尝试成为希腊的数学思维异常发达的关键。

不仅是建筑领域，希腊所有的艺术领域都将比例作为其根本。砌体结构的方法论孕育了这个观念，而这个观念又统治了此后西欧所有的美术领域。

这样以"个体"为单位，或者以"粒子"为单位砌筑的墙，坚固而美观。如果最后想要拆掉或修理这种用人手垒起来的石墙，只需再通过人手将它分解成"个体"就行了。虽然不会像拆组合玩具那样简单，但也不会像拆混凝土建筑那样大费周章。西欧建筑的坚固性，同时兼具人性化的本质，受限于人体的极限。至少在混凝土出现之前的19世纪是这样的。

但是到了20世纪，这种砌体结构的社会体系被完全破坏。元凶就是混凝土。混凝土如石头一般，甚至比石头还坚固。正因为它的坚固性，这种施工方法统治了全世界。但混凝土欠缺的，是砌体结构所拥有的人性化的个体以及与人类的关联性。这种新出现的建筑材料可以变换任何造型，比其他任何材料都坚固。在它上面添加某些装饰的做法，已经成为20世纪一般建筑的施工方法。当建筑的主人想要炫耀他的财力和权威时，石头就作为装饰贴到了建筑上。

这时石头的厚度充其量只有 2 厘米。如果人们不能看穿这 2 厘米背后所隐藏的内涵，这种施工方法就会唯我独大。这个世界，终归只看表面。人类只注重表面的世界观，就隐藏在这种施工方法的背后。我不喜欢这种戏弄人的石材施工方法，进而也就变得很讨厌石头这种素材，不想在建筑中使用。

芦野石米仓

当我接到委托，要在栃木县那须町的芦野设计一座石材美术馆时，我就是这种心情。

"石头？我能做些什么呢？"我就这样犹豫不决地坐上东北新干线，前往那须盐原站。从车站又坐了四十分钟的汽车，我终于到了芦野这个村庄。根据那须町这个词去想象，这里应该是一片"高原度假胜地"的景色，实际情景却相去甚远。据说芦野宿驿所在的地方原本是奥州的街道，这里以前应该是那须的中心，曾经热闹非凡。松尾芭蕉在他的"奥州小道"之旅中也曾在这里留宿，并留下了"驻足看耕田，幽情思古任秧展，柳阴斜埂边"的俳句。这首俳句中吟咏的名叫"游行柳"的著名柳树和俳句碑，现在孤单地矗立在田间，往日宿驿的影子早已消逝，只余一派寂寥街景。

委托我的白井先生是当地一家小型石材店的老板。他做的生意就是将称作"芦野石"的灰色安山岩从自家的山上切割下来，当做建材和墓碑出售。白井先生曾在东京农业大学学景观设计，所以他也很关心建筑设计，想要委托我来设计。这就是事情的起因。

他带我去的，是离以前的宿驿不远的一处石仓，已经有些损坏。这是一间大正时期（1912－1926）修建的米仓，此前一直由农协使用，后来有人提出不必特意在城中设仓库，所以它就空置下来，白井先生一时冲动就把它买了。既然一时冲动就能买下来，可见这间被遗弃的米仓不是很昂贵，但是白井先生也没有特别明确的愿望一定要将它派上用场，产生收益。他只是单纯地留恋这栋使用芦野石——同他在山上切割下来的一样——垒砌而成的米仓。白井先生想对它稍加改造，用来展示芦野石的雕刻和工艺品。这种易与当地产的水泥混淆的朴素的灰色石块——实际上这种石材没有大理石和御影石的那种高级感，很不起眼——白井先生想尽量让更多的人了解它，"哪怕增加的人数很少。"他这么小声嘀咕道。

在米仓沉重的氛围中，我一直听白井先生讲着，直到周围都变暗了。但是，我却无法用洪亮的声音说："好了，咱们走吧。"芦野石非常朴素，米仓陈旧的感觉也并不是很差，但这些都算不上特点，我丝毫看不到人们以这儿为目的地前来参观的美好前景。况且，对我来说，"石头"是个最大的问题。我讨厌20世纪流行的在混凝土表面贴薄石板做装饰的做法，所以对石头也是敬而远之。"呃，我先考虑一下……"我只给了对方一个模糊的答复，阴沉着脸回到了东京。

奇妙的委托

话虽这么说，我却没有死心。白井先生的一句话一直吸引着我："虽然我一点儿预算也没有，但我这里的工匠，请随意安排。即使是很复杂的工作，也没问题。"在一般的建筑工地现场，从未有人对我说过这种话。没有预算的情况倒是时有发生。但是，可以委托工匠做"任何事"的情况，在全日本也没有过。

在工地上，我们交流的对象是建筑公司（总承包人）的职员，他们都有所长或主任的头衔。他们变成了一个沟通的窗口。做怎样的细节处理，用什么制品和材料，是否有必要追加预算……无论是技术问题还是资金问题，必须由他们在现场全权负责。即使想和工匠直接交流，总承包公司的人也绝不会允许。"这个框我想让它看起来更细，这个节点这么处理恐怕不行……""如果改节点，会增加工程费吗？或者就这样也没关系？"我们想直接和工匠对话，因为有很多发自内心想要补充的东西，但是总承包公司的所长却不允许。"如果不统一通过一个窗口传递信息的话，那就乱套了。"这的确算是一个理由。但是，就算是和所长谈，在谈话之前就已经知道所长的回答了——他会说，"现在再改的话可不行。如果您坚持要改，工程会延期一个月，所需资金会大幅增加。谁来负这个责任？谁来出这笔钱？"

在大型工程现场紧张的工期和工程预算中，想要和真正工作在一线的工匠交流是不可能的。在施工现场，建筑的设计者必定被隔离在外。一旦开始施工，建筑商就会按照签订工程合同时的图纸一心突击，直到项目竣工。

在工程开始前，好好充实细节不行吗？这在现实中很困难。工程开始前，与建筑有关的人都很急躁。——晚一天开工，就要多付多少利息。——如果不能赶在12月的圣诞节档期开张的话，销售额完全无法保证。没有这种急迫的时间限制的项目可以说根本没有。这就是沦为资本奴隶的当今建筑的宿命。

在这种压力之下，一线工人被分成四组轮流施工。要从容地履行充实细节的费时工序，是不可能的。"暂且画张草图吧。"在这种强制命令之下，将一些过时图纸的标准细节图拼贴一番，在预定的开工日期之前和盘托出。这就是当今设计的推进方式，嘴里还喊着"暂且""暂且"。但是，正如您想的那样，工程一旦开工，项目推进的速度会进一步提高，所以这个"暂且"实际上就变成了无法改变的最终决定。重复着"暂且"就赶着竣工了，还没等竣工仪式上的大楼清扫干净，还没来得及仔细检讨一下成果，下一个项目的"暂且"又开始了。如今建设工程的开展方式真是一片过于贫乏的场景。其中，建筑设计者一次也不曾见过鲜活、激动人心的建筑工地，也就无法获得交流。除了成本与工期，其他一概漠不关心的工地所长，假装联系起了设计者与工地。随着工地效率的加快与规模的扩大，设计者与工地的距离只会越拉越大。

但是在那须町那间破败、昏暗的石仓中，白井先生说我可以和工匠自由随意地直接交流。他说，自己虽然没有钱，但在时间上随时都是开放的，没有任何束缚，所以无论是图纸还是工程，花多长时间都没关系。或许这样我能做出点什么。我预感到与东京的工地现场完全不同的状况，将在这悠闲的芦野乡间得以实现。

与工匠面对面

我先和白井先生协商，决定除了白井石材的工匠师傅（长仓先生和藤泽先生）之外，尽量不再用其他人手来修建这栋建筑。当今的建筑，简而言之就是装配产业。展示总承包商所长的，就是看他以什么价格将水泥、钢筋、窗框、玻璃、瓷砖、空调等工程转包出去，进而协调、管理重叠部分的施工作业。这项工作的性质与其说是建筑业，其实更接近商业。图纸作业就是"暂且"的拼贴，成了"装配"的别称，同样的，工程也沦为了"粘贴拼装"。建筑业在不知不觉间发生了彻底的改变，它不再是创造具体事物的产业，而变成了将细分化了的建筑工程片段组装到一起的毫无实际内容的产业。

但我们和白井先生所想的是完全不同的方法。长仓先生和藤泽先生都是白井石材的职员，所以从白井先生的角度来说是免费的。自家山上的芦野石，品质如何暂且不论，也是免费的。集合我们身边这些免费的事物的力量，难道不能做出些什么吗？我们由此产生了构想。一旦使用其他工种的工匠，或是使用混凝土、钢材、玻璃等其他建材的话，必须付给别人钱。难道不能尽量不用其他人的东西来修造建筑吗？这是一种最原始的直接性。基于这种直接性，我开始觉得，建筑设计甚至也能顺势得以重建。

如果干得漂亮的话，或许可以对当下流行的"表面化"的石材使用方法给予最有力的回击。用混凝土搭建骨架，再贴上薄石片，现如今这种所谓的"石材建筑"就会分崩离析。骨架与装饰这种形式，就会被彻底击碎。承担混凝土部分的业者负责建筑的强度，承担石材部分的业者负责表面，也就是装饰。这根本就是只看表面的人类对自身的蔑视。从山上切割下来的块状石头与切成 2 厘米厚的薄石片，人们假装无视它们之间有何不同，不停地重复着装饰行为。随着物质受到轻视，对石头这种物质的尊敬感日益丧失。轻视物质，就是轻视自然。轻视自然的同时，还要钻营地利用物质的表面，贴上石片让建筑显得高级，或许贴了石片的公寓能卖得更贵？这种现代施工方法真是卑鄙到令人不齿。

砌体结构

我们的想法是对分割施工过程这一做法予以否定，但也不单纯是对传统的回归，悠闲回味过去的美好。迪斯尼乐园里虚有其表的建筑，还有公寓里铺装着豪华石材的大堂，基本上都巧妙吸收了怀旧感，只撷取物质的表面，以廉价而简便的方式提供美好过去的仿制品。

恢复事物的直接性，就能创造出让人感受到当今时代氛围的现代建筑吗？恢复对物质和人类的尊敬，就能免于陷入懈怠的怀旧气氛中，创造出富有现代感的、令人感受到活在当下的建筑吗？

于是，我们的目光转向了砌体结构这种最原始的石头垒砌方法。将石头切割成便于人类掌控的合适尺寸，然后通过人类的手，一块一块地垒上去，这就是被称作砌体结构的施工方法。这种方法不是仅靠石头的理论产生的，也不是仅靠人类的施工理论和生产逻辑产生的，而是在长期摸索如何在石头和人类之间构筑怎样的关联性的过程中，不断失败，最终孕育而出的。以埃及、希腊、罗马为代表的欧洲文明，都是在砌体结构这一操作系统的基础上建立起来的。这种操作系统的广泛影响力波及亚非，砌体结构毫无疑问地成为支配所有建筑的标准操作系统。虽然后来又将砖纳入这一领域，但是对于将个体垒砌而成的砌体结构而言，石头和砖并没有区别。

对这类建筑的整体规则我一直爱恨交织，我想把这种感情转换成具体的细节改进。砌体结构这种操作系统，远离"表面性"，要求物质的直接性。我"爱"这种直接性。但是，用这种方法建造的墙壁过于厚重，将外部和室内割裂开，不适应现代流动性的生活。人们对散漫的怀旧一直有一种误解，认为过去的建筑厚重为佳，我觉得这是对宝贵的砌体结构操作系统的玷污。这一部分是我"憎恨"的。难道不能赋予这个正宗的操作系统一个杀手铜，将它从周围洋溢的沉重怀旧氛围中拯救出来吗？

透明的石壁

我们拯救操作系统的挑战，首先是从垒起来的厚墙中抽掉三分之一的石块，做一面能看到对面的透明墙开始。只要保留三分之二，依然能保证墙壁的结构强度，这是结构工程师中田捷夫和拥有实际垒砌经验的长仓先生、藤泽先生的共同意见。

我想要把墙壁改成透明的，是有理由的。欧洲的建筑持续数千年采用砌体结构这种操作系统，在19世纪迎来了转机。随着混凝土、钢铁等新材料的出现，产生了透明建筑，它能够设计巨大的开口部分，将巨型玻璃嵌入窗户。透明性缩短了建筑外的大自然与建筑内的人类之间的距离。人们想要亲近自然的感情，更加剧了建筑的透明性。结果，石材和砖的主角地位受到威胁，混凝土、钢铁、玻璃逐渐成为建筑的主要材料。人们对大自然的渴望，驱逐了石材和砖。

今天回过头来看这次革命，有两方面可以进行对比。透明性的确将大自然拉近到人们身边，但另一方面，混凝土、钢铁、玻璃这些无机材料，这些包围人类的容器，从根本上缺少柔软、温度和丰富的质感。为了弥补这些不足，人们在混凝土骨架表面贴上石材、木材等天然素材做装饰。这种形式的"自然的复活"，在20世纪已经很普及。对于建筑来说，透明性具有过去从未有过的魅力，同时，它也是一个危险的大圈套，会使建筑丧失与人类和物质建立的美好关联性。

难道就不能有柔和的透明性吗？如果有的话，就会产生既有充分的流动性，又温柔、温暖的建筑。这不正是当今这个时代所追求的建筑吗？我在石材美术馆所做的挑战，就可以如此概括。这个项目远离东京，预算低得惊人，是个完全不能期望获得官方支持的路边小项目，我却胸怀着与项目规模不太匹配的大志，开始动手了。

只要抽掉三分之一的石块，原本笨重的墙壁突然就变轻盈了（图11）。打开孔洞后的刺激，使原本布满尘埃、沉睡已久的操作系统突然睁开了眼睛，吓了我们一跳。不仅光线从孔洞中温柔地照射进来，超乎想象的是，风也变得和缓清爽了。因为有预算的限制，还要尽可能少使用能源，所以建筑内尽量不用空调设备，而是利用孔洞的开放状态用来通风。有些地方实在想要密封起来，我们没用玻璃，而是嵌进去切割成6毫米厚的大理石。如果用玻璃的话，就必须专程去玻璃商店购买。用大理石碎片的话，白井先生石材工厂的废料场里应有尽有。透过薄薄的大理石片照射进来的阳光，同透过拉门照射进来的阳光一般柔和。其实这种手法早在古罗马时代浴室的窗户上就使用过，当时玻璃还是非常昂贵的东西。远东小镇的小项目与古罗马雄伟的建筑拥有同样的细节，真是有趣。

用抽掉三分之一石块的方法能够使砌体结构透明化，实现了这个目标，我就想要挑战更加透明的石壁。"能不能用石材做类似格子窗的东西呢……"我先小声地和长仓先生他们说了说。之所以小声说，说实话，是因为我完全没有自信。一提到格子窗，理所当然

图 11　石材美术馆，抽出一些石块垒成的砌体结构中嵌入薄片大理石后的细节图

是用木材和金属来做，用石材做格子窗的细节，此前我从未见过。如果对方冷言冷语回一句"你在开玩笑吧，很难办到"，我会马上打消这个念头。但是，与我的设想相反，他们立即明确回应道："没法切割啊。"石头该切割成多长多粗才合适呢？面对石头实物，大家议论起来。如果等我画好了图纸再向大家征求意见："这个细节能行吗？"这样不但浪费时间，而且还要被询问的人随时候在一旁，创造性的讨论就难以实现。大家面对面交流，一起在面前的便笺纸上用秃铅笔重复画草图，这种模式是最有效率的。最终我们得到的结论是：用横截面是4厘米×15厘米、长1.5米的石材做格子窗（图12）。采用这个尺寸，就不再需要用钢板作支撑，仅用石材就能做出像木质格子窗那样轻盈的窗户。"那么，我们现在就做做看吧。"长仓先生他们迅速赶到工厂——其实就是白井先生自家的庭院——着手制作全尺寸模型。

图 12　石材美术馆，
石材格子窗的细节

用全尺寸模型验证

全尺寸模型就是用与实际施工时同样的材料制作的原大模型。作为确认建筑成果的最终手段，在我们事务所里大量使用全尺寸模型。

检验建筑成品感觉的手段多种多样。现在最普遍的做法，是先在电脑上画三维视图。随着细微纹样再现技术及光影模拟技术的发展进步，这种三维视图有很强的真实感。即便如此，也还存在某些不足。因此，下一个阶段就是制作模型。不必做得很花哨，也没必要贴上真实的纹样。只要有了三维的真实物体，就可以将自己的身体置换进去。可以边走在建筑前的人行道上，边检视建筑的形态。甚至可以进入建筑中，或仰望天空，或从窗口眺望庭院。在二维电脑绘图中，即使图画得很好，人也无法沉入其中，因为人们无法将鲜活的身体置于其中。

即使做了模型，设计者仍然心存不安，总感觉模型欠缺了某些根本性的东西。因为模型虽然能够检查建筑的外形，却无法检验建筑的内在"物质"。同样形态的建筑，用石材建造，或是用木材建造，感觉完全不同。就算是木材，也分很多种，比如杉木、松木、柏木等，还有木材的排列方式，是纵向排列还是横向排列，木板的宽度、接缝的宽度，木板的边缘是尖角（尖尖的90度角），还是弧形（将角锯掉，削弱它的尖锐度），这些"物质"都会给人不同的印象。

这很像做菜。是用石材，还是用木材，就好像做菜时是做肉菜还是做青菜一样，是一个粗线条的选择。但是在当今建筑业界通行的"暂且画张草图"的号令下，比"肉或青菜"更详细的规范，在"暂且"体系中是无法从容地通过图纸来表现的。暂且先只把肉或青菜画到图纸上完成草图，然后一拥而入进入施工现场。一旦开始施工，如果建筑师想要提出具体的规格建议，比如"西班牙脚猪应该是这个形状，再加一点烧焦的痕迹"，就会照例受到总承包商工地所长的一通呵斥："这样会增加工程费的，工期也赶不及了，谁来承担责任？"这种境地就好像被逼着吃了水分很大的冷冻肉食鸡一样。在"暂且"图纸里，除了水分很大的东西，根本没有详细的东西。如果暂且将细节定为"肉"，除了吃最差的肉，没有其他的选择。

想要避免城市乡间被这种"肉食鸡"般的建筑充斥的悲惨局面出现，在设计开始后，就必须尽早制作全尺寸模型。如果是一般的设计程序，首先要确定建筑的布局，包括平面布局（空间布局）和截面布局，然后开始进行结构计算，设计空调、给排水等设施，最后才以"肉或青菜"的形式确定施工材料。在当时那种与时间赛跑的紧张情况下，设计师的大脑几乎一片空白，所以只是决定"肉或青菜"就已经筋疲力尽了。有充裕的时间仔细制作全尺寸模型来做检验，这种项目在此之前根本不存在。这样一来，建筑都被水分很大的"肉食鸡"式的规范充斥，加速了建筑的悲剧化进程。

与细节的对话

为了逃离这种悲哀又贫乏的"暂且"体系，就要彻底逆转设计的顺序。在开始设计时，也就是开始考虑建筑大体的布局时，要同时利用全尺寸模型来研究，这个建筑用什么物质来做才好，要赋予它怎样的细节。这就是我们的做法，从设计的最初就考虑最终的细节。

当然，细节并不是一蹴而就的。用实物按照原尺寸制作，会有各种各样的发现："哎，用石头建造的话，是这种感觉啊……""这样真的和图纸一样吗……"诸如此类，会有接连不断的惊喜。即使用同样的物质，细节稍有不同，感觉也会大相径庭；即使是同样的细节，只要石材种类有些差异，也会有完全不同的感觉。物质完全就是生物。更准确地说，我们是脆弱的生物，所以对于物质细微的差异也会产生敏感的反应。有一点很明确，身为生物的我们一站在全尺寸模型这个实物面前时，就开始有反应。身体面对图纸时，是不会有反应的。所以，我们必须尽早开始与全尺寸模型的对话。

在进行完身体与物质的深入对话后，再开始平面、截面和布局的规划。木质结构建筑需要的平面规划与混凝土建筑完全不同，人们对此并不会觉得奇怪, 反而要是没有不同的话, 人们才会觉得奇怪。先确定平面, 最后再确定作为外部装饰的材料, 这样的设计顺序完全体现不出物质。一定要先让身体与物质相对, 然后通过手和头开始思考。一切都要从物质这一具体的、活生生的事物开始。

基于这个理由, 我们的石材美术馆要在白井先生的庭院里迅速开始制作石材格子窗的全尺寸模型。如果是制作木格子窗的话, 只要将木棍安到木框里就可以了, 用石头做格子窗, 究竟该怎么安装呢? 我无论如何也想不到长仓先生他们的主意。"做个石柱, 镶嵌到那里面就行了。""镶嵌? 具体该怎么做呢? ""在石柱上加上楔口就行。"

长仓先生就这么一边嘴里念叨着, 一边开始做楔口。他技艺高超, 只用凿子就奇迹般地在细长的柱形石上凿出了楔口。里面插入截面为 4 厘米 ×15 厘米的石板, 不知不觉间, 漂亮、纤细的石材格子窗的雏形就显现出来了。"但是, 这个柱子高达 3 米, 如果遇到地震的话, 可能会断开的。"这下轮到我来考虑如何解决了。"可以先竖起 H 形钢(所谓 H 形钢, 就是截面呈字母 H 型的坚固钢材)的柱子, 然后再插入石柱。钢柱子就好像支架一样……"(图 13)就在这样你来我往的交流中, 全尺寸模型就在我们的眼前慢慢做起来了。

"透明的砌体结构""石材格子窗", 这两个基本细节就是我和长仓先生他们一起经历着这样的过程孕育出来的。虽然我们使用的是石头这种比较笨重的材料, 但是却达到了实现透明性的目标, 接下来再着手进行布局规划。这块地上保留着三间建于大正时期的

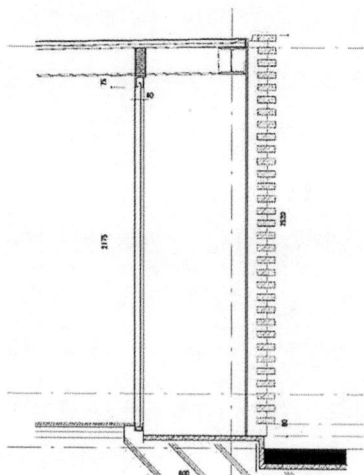

图 13　石材美术馆，石材格子窗的截面细节图

石质米仓。在完好保留这三间米仓的同时，将透明的石壁插入原本沉重的封闭空间。于是，新旧事物开始相互融合，结合成一个有机的整体（图14）。

在设计保存旧仓库的项目时，建筑师通常的做法是将玻璃和钢铁这一类现代素材与旧建筑组合在一起。我认为这种做法使得新旧对比过于强烈。20世纪的建筑师都偏好使用对比，以此来彰显自己的"新"。"新"具有决定性的意义。

这次我不用对比手法，而想用渐变手法。结合在全尺寸模型中得到认可的"透明石壁"方法，无论是旧仓库，还是透明墙壁这个新细节，用的都是芦野石这种石头，这样可以使旧事物缓

图 14 石材美术馆，全景

图 15　石材美术馆，墙壁的渐变

慢、舒畅地向新事物过渡，而不是新旧事物之间形成尖锐对比（图15）。由旧到新的渐变，同时也是由沉重到轻盈的渐变，由暗到明的渐变。我没用对比这种野蛮的方法，取而代之的是渐变这种温和的方法。平面设计师原研哉说，"隈研吾的建筑是小数点式的建筑。"他真是一针见血。我想要创造的建筑，不是循规蹈矩、非 0 即 1，或者 1 之后就是 2 的建筑，而是类似 1.2376 这样的建筑。使用这种渐变的手法，或许就能温和地将这个项目和它外部的芦野城这个有些悠闲、有些不显眼的环境联系起来。对比最终会破坏环境，渐变却使新旧事物全部得到认可，全部得到包容。渐变能够修复环境。

割裂的修复

如果这个手法获得成功的话，那么渐变手法不就能超越"割裂"手法这一现代派建筑设计的根本吗？我的头脑里开始不停地转动这

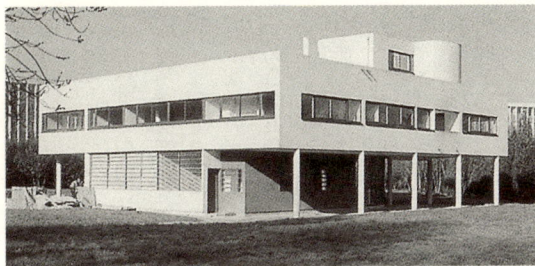

图 16　勒·柯布西耶／
萨伏伊别墅　（1931）

些想法。否定因循守旧的传统设计，是 20 世纪初现代主义的最高
指令。基于这个原因，现代主义对任何事物都极为重视"割裂"，
因割裂而产生的锐利的断面，是他们关注的头等大事。最典型的代
表是勒·柯布西耶所提倡的底层架空手法。他的设计目标是，利用
细细的柱子将建筑抬升，使之离开大地，建造与环境割裂开的、白
色耀眼的漂浮物（图 16）。割裂与"作家"这个概念相对应。物
体越是与环境分离，越是会强烈突出设计物体的"作家"的存在。
正像他的代表作萨伏伊别墅那样，一座建筑漂浮着的姿态或许真的
很美，但如果所有的"作家"联合起来尝试"割裂"，环境究竟会
变成什么样呢？

　　渐变手法就是修复被割裂得七零八落的环境的一个帮手。石材
格子窗与这个大目标紧密联系在一起。一想到这些，我就会更加卖
力地探讨石材格子窗的细节。如果这个格子窗做得好，或许能开辟
一条修复环境的新路。

　　如果没有低预算这个限制条件，也许我就完不成渐变的构想了。
或许我会简单地屈服于创造美丽对比的诱惑，大量使用昂贵的玻璃，

将透明的玻璃墙和石头组合在一起。正因为预算紧张，白井先生反复强调不订购其他类型的材料，他只想用自家山上免费的芦野石、自家免费的工匠来做些什么，所以才产生了渐变手法，进而使它有了更大的发展，即用渐变修复割裂。限制是万物之本，限制孕育一切。而且，自然就是限制的别称。

3

Chokkura 广场——
与大地相互融合的建筑

Chokkura 广场　(2006)

这件事情的起因还是源于石材美术馆。高根泽町位于宇都宫的北邻，离建造石材美术馆的芦野城不算太远。高根泽町的町长高桥克法先生参观过石材美术馆后，很喜欢那里的空灵感。于是和我讨论，能不能用这种形式重新利用宝积寺车站前的旧石仓。

在车站东侧有三间石仓。这个车站的东门有个问题。因为东北线铁路沿线西风强劲，过去蒸汽机车的烟尘都随风飘向东边，结果人们都不住车站东边，车站的正门定为西门，东边变成了后门。后来宝积寺车站关了东门，设置了三间石仓。蒸汽机车已停运很久，在考虑该怎样利用车站东门时，高桥先生注意到了已被弃用的石仓。

大谷石仓库

石仓是用大谷石垒起来的。栃木县堪称石仓之县，盛行用石头建造仓库。宇都宫周边都是大谷石，那须周边都是芦野石，颜色差异特别明显。受到高桥先生的邀请，我进入高根泽的大谷石仓库中，一进去就感到气氛不一样。

在黑暗中，我仔细观察已经风化的大谷石表面，眼前突然浮现出一个人的脸，是弗兰克·劳埃德·赖特。他受委托设计前帝国饭店时（1922，图 17），为什么选择这种大谷石呢？这么说好像不太恰当，但是这种石头作为建筑材料，的确有很多缺点。它的表面有无数的小孔，很容易脏，而且这种石头材质很软、很脆弱，很容易碰掉角。而且上面还有土，散布着被称作"点睛之笔"的茶色污痕。在开始设计

图 17　赖特／前帝国饭店 (1922)

前帝国饭店时，赖特让人把在日本采集到的石材样本全都摆在现场。在众多石材中，他既没选强度高的花岗岩，也没选图案美丽的大理石，偏偏选择了这款"奇妙的石头"。当时在场的人全都面面相觑，困惑不已。为什么他偏偏选中这种满身是孔的脆弱石材呢？

秘密就在于这些小孔。他设计的前帝国饭店外墙，是用这种大谷石和瓷砖组合建造的。在常滑的工厂烧制这种褐色的瓷砖时，他特别要求在瓷砖上划上很多竖条纹。这种条纹本身就如同一个个小孔。他看到瓷砖光滑的表面好像被打磨过一样，认为这样太过强势。我也有同样的感受。特别是当大谷石展现出它的脆弱时，光滑的瓷砖显得过分强势。小孔具有弱化、软化物质，将环境与物质融为一体的作用。

在往前帝国饭店被称作条纹面砖的瓷砖上加工竖条纹时，用的不是型板压花技法，而是用类似钉子的尖锐物体在烧制前柔软的瓷砖上划制而成。一道一道的条纹形状微妙地分布着，更加适应环境。建筑不要建得太过华丽，杂乱连接起了建筑与自然。

赖特提倡有机建筑。利用高高跃入空中的房檐，使室内和室外相互融合的方法，是赖特有机建筑的显著特征。他批评勒·柯布西耶风格的混凝土盒子式建筑的无机性。他设计的长长的、美丽的房檐，制造出浓重的影子。在房檐制造出的影子里，外部与内部相互融合。后来，他进一步探索利用更小的建筑构成单位要素使建筑和自然相互融合的方法。他追求的，是通过大谷石和条纹面砖，使物质和空气相互融入、相互交织的方法。

条纹面砖

带有竖条纹这种"小孔"的条纹面砖，大量使用在位于本乡的东京大学建筑群的外墙上（图18）。赖特设计的前帝国饭店在建成后不久遭遇的关东大地震中毫发未损，被传为佳话，但是地震后的建筑界却因原材料不足陷入一片混乱。当时，设计东京大学校园的内田祥三了解到想获得质量统一的瓷砖是不可能的。在做赖特风格的划痕时，他发现即使瓷砖颜色不统一，看上去竟然也很协调，于是整个东京大学校园都被条纹面砖覆盖了。

仔细看的话，会发现东京大学外墙使用的条纹面砖的颜色，竟是各色各样的，甚至有些撞色。为什么不觉得乱呢？秘诀就在于小孔。小孔在瓷砖的表面制造出无数的影子。各色瓷砖的颜色与所有影子的颜色重叠在一起，调整了色调。影子的颜色就是围绕建筑的环境的颜色，也可以说是空气的颜色。在建筑上巧妙地投射影子，不仅可以统

图 18　东京大学（本乡校区）
外墙的条纹面砖

一建筑各部分的基调，还可以统一建筑与环境之间的色调，使建筑融入环境。要使自然与建筑融为一体，就要制造影子。赖特和内田祥三都意识到了影子和孔洞的妙用，在瓷砖上刻上无数的小孔。

　　而且，孔洞能够向我们展示物质的纵深感。如果没有孔洞，我们只能从正面看物质，只能将物质看做单薄的纹理。但是，有了孔洞，就能感受到物质的纵深。有了孔洞，物质就由能用电脑扫描的纹理，向无法转述的具体性、固有性——亦即存在物——转化。孔洞的存在，就是为了使物质由纹理向存在物转化。格子窗和百叶窗是在制造孔洞，条纹面砖也是在制造孔洞。

　　石材与钢铁的编织物

　　改造宝积寺仓库的"Chokkura 广场"项目就是一个孔洞建筑。我想以孔洞为主题，重新考虑大谷石，重新审视赖特选择的大谷石。大谷石是很平凡、有无数孔洞的石头。如果采用一般的加工方法，将这种石头切割成薄片贴到混凝土上的话，石头上的孔洞就会消失不见。赖特在帝国饭店的这些石头上，刻上了各种各样的线和孔洞，或许也是出于同样的动机（图19）？赖特用凿子在石头上打了无数的孔洞，以此来让人感受石头的深度。将这些孔洞一概作为多余的装饰加以否定，显示了现代主义的贫乏。在这满是孔洞的石头上，是否还能开更大的孔呢？我想要开发比赖特更深、更锐利的孔洞。Chokkura 广场独一无二的细节就这样诞生了。

我们最终形成的创意是，将大谷石和钢板组合在一起，做成一种"织物"。这不是在混凝土上贴石片，而是像编织经线和纬线一样，编织石块和钢板，将石块和钢板粗粗地编织在一起。我从结构工程师新谷真人那里得到了极有把握的建议。他说，石块和钢板二者应该会像真正的织物那样，形成合力，支撑建筑。从缝隙间可以采光、通风。这个缝隙就是所谓的孔洞。织物说到底也是孔洞，没有不留有孔洞的织物。所以，织物可以慰藉身体、慰藉人类。这都多亏了孔洞。

在此之前的思考都是很愉悦的，一旦转到付诸实施的部分，比我们以前尝试过的细节难度都要高，具有里程碑式的意义。如果在钢板上贴薄石片，就和我最讨厌的现在流行的在混凝土上贴石片的做法一样了。我们所描绘的理想细节是，在钢板中间插入完整的厚石块，依靠这二者来支撑墙壁。这就是混合了垒砌石块支撑墙壁的砌体结构和依靠钢板支撑墙壁的钢结构的思维方式。

或许会有人认为，这种"不纯粹"的做法能建造出有很高抗震性的墙壁吗？建筑构造中没有纯粹的东西，自然界中也不存在纯粹

图 19　赖特／前帝国饭店，用大谷石和赤陶制作的墙面的孔洞。

的东西。人们只不过是随意地使用"砌体结构"或"钢筋框架结构"这些人为而纯粹的图式，经过简略计算，暂且说它"没问题"。所谓的纯粹，就是这种简略计算的别称。如果地震真的来临，图式是支撑不住的，极不纯粹的物质，传递着图式无法解释的复杂力量，最终却能在地震中幸存下来。不纯粹的物质就这样构成了世界，支撑着世界。在这个意义上看，自然完全是不纯粹的事物。近年来电脑已不再依赖过去那种过于单纯的图式，它以看上去极不纯粹的举动，能够原原本本地解析复杂的问题。依靠这种最新的解析技术，设计混合钢铁与石块的"不纯粹"结构体成为可能。

如何进行计算？真正的施工难度不止如此。经过计算得出的结论是，用6毫米厚的钢板码成菱形做网眼，在中间的空隙中嵌入石块，这样最合理（图20）。但是，如果先用钢材做好网眼，然后再放入石块，钢材就无法很好地向石块传递力量。最终决定采用的施工方法是：在弯曲的钢板上放上石块固定好，然后在上面像加个盖子一样，再放一块钢板，将下层钢板和上层钢板焊接起来，然后上面再放上石块，如此反复。这种施工方法费时又费工。

采用这种施工方法，石材工匠和钢材工匠必须交替工作。双方都没遇到过这么麻烦的施工方法。但正是用这个麻烦方法，才完成了既保证强度、又不徒有其表，还有无数孔洞的石材与钢材的混合墙体。想一想，这才是真正的钢材与石材的织物。只要经线与纬线一根一根地交织在一起，就能做成紧密结实的织物，即使地震也震不散。这栋

图 20　Chokkura 广场的大谷石细节，菱形钢板里嵌入石块，形成孔洞

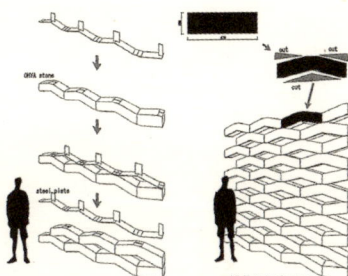

图 21　Chokkura 广场，大谷石与钢板墙壁

建筑就是这样编织的，避免了石材与钢材被拆散。要想使织物强韧，就要像这样，经线与纬线一根一根按顺序编织在一起。

我保留了三间旧石仓中的一间，其中的一面墙换成了这种"不纯粹"的墙（图 21）。剩下的两间石仓已经损毁，正好对这有年岁的仓库的大谷石进行再加工，与钢板组合在一起（本章开头图片就是其中的一栋新建石仓）。孔洞不仅用来采光、通风，也赋予建筑以温柔与亲切感。只用石头垒起来的厚重墙壁，或许更适合仓库和教会。对于田间车站的站前广场来说，它有点太过沉重。墙上开出的无数孔洞，与历经数十年沉淀的污渍共同经历风雨。大谷石在它的开发地附近，完美发挥出它"满身是孔"的优点。"满身是孔"的石头，完美搭配当地风土，美妙的氛围在其间流动。

4

广重美术馆——
赖特、印象派与多层次空间

那珂川町马头广重美术馆　(2000)

为什么安藤广重美术馆设在枥木县？或许会有人对此感到不可思议。事情源于1995年的阪神大地震，神户青木家的仓库全部被损毁了。在一片瓦砾堆中，发现了保存完好率超过80%的广重的亲笔画，故事由此开始。这么多广重的作品，全都是实业家青木藤作从明治时代开始收集的。他的孙女青木久子提出，想把所有作品捐赠给青木老家附近的马头町（即现在的枥木县那珂川町马头）。马头町的白寄町长就表示，要准备一间美术馆用来收藏这么珍贵的藏品。

当时我接到一个建筑设计比赛的通知，到实地考察时，我的目光死死盯住了立在角落里的以前专卖公司的木质烟草仓库。虽然它的大部分已经腐坏，但这块地后面的山林因长期与人类互动而表现出来的成熟的质感，竟与这腐朽的木质建筑有一种难以言喻的协调。尤其是外墙已经风化的杉木板与后山的杉树林，更是遥相呼应。这一区域被当地人习惯称作八沟山地，出产优质的八沟杉。贴上了八沟杉的外墙，看上去好像映出了山景，会让人感觉如母子般融洽。

我想要创造像后山的杉树林一样的建筑。这就是我们的设计出发点。当然，建筑材料就以杉木为主。用杉木建造，未必就能建成像杉树林一样的建筑。我向往的，是那片森林中空气的质感和光的状态。直耸入天的杉树，互相重叠，将空间变成多层次的。我想要把树林的这种状态原原本本地移植到建筑中去。

广重的雨

当然，这个杉树林的构思，与广重创造的浮世绘的世界也有很深的联系。一提到广重，首先在人们脑海中浮现的就是《江户名胜百景》系列中的"大桥骤雨"（图22）和《东海道五十三次》（保永堂版）中的"庄野"（图23）。这两幅画最吸引人的，首先就是用笔直的线条描画的雨。在"大桥骤雨"中，雨在画面中构成了一个层次，在这个层次后面叠加的是大桥，然后是河面、对岸，几个层次彼此重叠，在这小小的二维框架中表现出了异常丰富的空间纵深感。"庄野"的层次构成更加直白，在雨制造出的层次后面，树林构成三个层次，颜色层层变薄、变淡，好像是用复印机反复印刷出来的一样。

美术史家指出，这里使用的是日本式的空间纵深表现手法，与西方的透视图法形成鲜明对比。透视图法发端于古希腊的舞台美术，文艺复兴时期得到发展繁荣，成为西欧绘画的基本技巧。但在广重的木版画中没有这种技法。远处的事物要变小，这一透视图法的规则并不适用于广重的画。比如"庄野"中的树林，即使在远处，也反复用同样的尺寸来画。尽管如此，利用透明事物的多层次感这一完全不同的手法，同样表现出了丰富的纵深感。

美术史家——如帕诺夫斯基——指出，这两种技法的差异，不仅仅是局限于绘画技巧层次的问题，还包含着与各自文化根基相关的深层次问题。也就是说，透视图法这种技巧，要求的是象征性的、

图22　广重／大桥骤雨，
出自《江户名胜百景》

图23　广重／庄野，出自保永堂版《东海道五十三次》

图24 弗朗西斯科·德·乔治／一个理想城市的广场与道路 (15世纪)

纪念碑式的建筑物。的确，由远处的一点发出的放射状的轮廓线，是透视图法所固有的，这种放射线有进一步强化、固定位于画面中心物体象征性的效果。纪念碑式的建筑通过透视图法的描绘，作为纪念碑式的事物进一步被认知，加速了透视图法纪念碑性的指向性。如果说纪念碑性是西欧古典主义建筑的核心概念，那透视图法与古典主义建筑的关系是无法割裂的。

相反的，日本的非透视图法绘画空间与日本的传统建筑空间融为一体，后者所坚持的原理与纪念碑性形成鲜明对比。一般认为，建筑就是所谓的纪念碑。但在这远东的小岛上，却有着一种以否定纪念碑性为目标的颠覆性的建筑传统。想要建造从周围环境中凸显出来的建筑，以这种纪念碑性为指向，最终的结果是招致充满杀气的环境，而依靠以反纪念碑性为根本的浮世绘式的方法，或许能够拯救被破坏的环境。

绘画专家进一步指出，用直线来表现雨的绘画技巧，在西欧

图 25　广重美术馆，如雨丝一样的屋顶和墙壁上的百叶窗

绘画界看来极为另类。西欧绘画界没有用直线来表现雨、雾、云等自然现象的传统。他们将直线视作人造属性，不用它来表现属于自然的现象。据说，19 世纪英国的风景画家特纳和康斯太布尔，将自然现象带进了绘画世界。但他们绝不会用直线来表现雨和雾。对于他们来说，自然是极其模糊、没有界限、混乱的事物。而以广重为代表的日本美术界，却屡屡使用直线来表现雨。美术史家指出，由此可以看出针对自然与人工的界限所做的日本式的定义。也就是说，日本式的自然观认为，自然与人工不是对立的现象，二者是延续的关系。将这种自然与人造物的连续性具体运用在建筑物中，其结果就是覆盖了整个广重美术馆的如雨丝一样的百叶窗（图 25）。

赖特与浮世绘

日本绘画传统的核心就在于其透明性、多层次性，以及自然与人工的融合。从这个意义上来说，广重的确是日本式的"作家"。另外还有一位建筑师，他对广重内在隐藏的这种空间特性产生了强烈反应，并发现了它与西欧不同的特性背后隐藏的巨大可能性。他的名字叫弗兰克·劳埃德·赖特，上一章提到过的前帝国饭店的设计者。

"浮世绘所占据的位置，比我们想象的还要重要得多。如果我受到的教育中没有浮世绘这部分，我不知道我会朝哪个方向发展。"（《赖特自传——一种艺术的形成》，口清译，中央公论社出版）赖特在他的自传中这样叙述。他说，自己的建筑作品就是浮世绘的产物。其中北斋画中自如的形态变换和广重画中的透明性、空间连续性，对赖特产生了重要影响。（Kevin Nute，《弗兰克·劳埃德·赖特与日本文化》，鹿岛出版会，1997 年。作者在此书中分析，不仅是浮世绘，日本文化对赖特的建筑设计也产生了很大的影响。）

赖特对包含了"大桥骤雨"的《江户名胜百景》给予了很高的评价。他这样称赞道："说到原因，是因为他（广重）得到了使平面事物摇身一变，成为垂直事物的创意。而且，他在实现这个意图时，合理安排所有事物，赋予其连续的空间感。他的画不像其他大多数画那样，将所有的事物都放进画面里，而是在一闪而过的瞬间让人感受到伟大的连续性。……这在艺术史中，绝对是独一无二的。这完全是一个伟大的创意。此时此地，正是依靠广重带来的空间性，才成就了我们在建筑中的所作所为。在这里，它不再受到绘画的限制，反而能够获得无限广大的空间感。"（着重号为笔者所加）。

广重晚年最后的作品《江户名胜百景》以"大桥骤雨"为代表，采用竖长结构。这与他此前以横版画为主的风景画截然不同。比起在风景中发现具有象征性的物体，广重对风景本身的平面连续性更感兴趣，所以他一直选择横版画也就是自然而然的了。横向的结构，最适合画没有突出性物体、平稳而连续的景观。但不知为什么，广重突然在晚年的最后阶段选择了竖长结构。这个他本不擅长的选择，却引领他进入了一片崭新的天地。虽然我们不知道这是他本人的选择，还是印刷厂的要求，但是约束往往会引导艺术家开辟一片新天地。

广重在人生的最后阶段，彻底转变风格，不再追求水平面平稳的连续性，取而代之的是利用空间多层次化的技巧来表现"纵深"。虽说他采用的是强调纪念碑性的纵向构图，却强迫自己冒险以极力回避纪念碑性。赖特对广重迈出的这一步给予很高的评价，称其为艺术史上一项巨大的成就。纵深的连续性，形象点说，就是指不再追求 x 轴（水平）、y 轴（垂直），而是追求 z 轴（纵深）。赖特对广重向纵向构图的转变给出了这样的评价："（由此）才成就了我们在建筑中的所作所为。"

在赖特早期的住宅作品中，还没有广重的影子。那时他还没有跳出当时的主流、典型的美国殖民风格的窠臼。对于早期的赖特来说，别说是纵深（z 轴）的连续性，就是平面的连续性他都感受不到。据推测 1890 年前后赖特第一次见到了浮世绘，之后，在 1893 年的芝加哥世博会上，他遇到了以宇治的平等院凤凰堂为模型的芝加哥世博会日本馆（图 26）——这两个事件彻底改变了赖特。通过这两个事件，赖特有关空间连续性的意识被唤醒。在广重和平等院之后，产生了真正的赖特。于是赖特开始了对 x 轴、z 轴连续性的追求。

此后，密斯·凡·德·罗和勒·柯布西耶将赖特对连续性的追

图 26　芝加哥世博会日本馆　(1893)

求进一步扩展，由此掀起了 20 世纪的现代主义运动。现代主义也可以定义为追求空间连续性的建筑设计运动。现代主义开始于欧洲，继而席卷全球，统治了 20 世纪。日本的建筑界也追随现代主义，被其征服。

这样说来，所有的一切都源自广重。广重、赖特、密斯。一切都从那幅"大桥骤雨"开始，世界开始了一环一环地传动。密斯的影响波及日本。一个密闭的圆环就是这样形成的。

虽说还是个圆环，但是传到日本的现代主义变得冷酷、充满侵略性、粗线条，与广重的纤细已毫无关联。难道无法使这个以广重为起点的圆环得到与它的外形相符的完美闭合吗？我在思考广重与建筑的种种关系时，这个念头变得越来越强烈。

自然与人工

广重所拥有的，现代主义建筑却失去了。那是如细细的雨丝一样，在自然与人工间徘徊，模糊而纤细的东西。它不像西欧建筑那样，强调与自然的对比。难道不能像那幅"大桥骤雨"中的河面、骤雨和大桥一样，自然与人造物界限不明，重回渐变联系的状态吗？如果能用后山的杉树建造如杉树林一样的建筑，或许就会出现如骤雨一般朦胧，分不清自然与人工的暧昧建筑。将杉树这种木材加工得细且柔弱，甚至让人们误认为是雨丝。这些线集中在一起，就构成了几个层次，这些层次的叠加（z 轴）最终使人类和自然重叠、结合在一起。我们由这种具体的空间感开始了具体的筹划。

通常的建筑设计都是首先有了如何安排房间的平面规划，然后再决定建筑的外形，在这之后大都是抱着"也该定一下最后扫尾工作"的心情来做材料的选择。我们采用的是完全相反的程序。从一开始就直接考虑材料，甚至细节。"如雨丝一样纤细的杉木"，怎么加工才能实现这个目标呢？我们直接考虑这些问题。以目前的技术和材料能够达到这种纤细度吗？如果这个目标没有完成，即使平面图和外形都确定好了，也毫无意义。正因为这个建筑选用这种物质、使用这样的细节来建造，所以必须采用这样的空间设置、这样的平面、这样的截面。我们就是按照这样的顺序来推进设计的。我相信，在确定建造作为物质的建筑时这是一个诚实的程序，是针对物质的一个诚实的程序。

用后山的杉树建造像雨一样的建筑。说起来容易，做起来难，我们马上就遇到了难题——"能否做出不会燃烧的木材"。

不会燃烧的木材

关东大地震之后，日本建筑行政部门关心的核心问题就是"耐火性"。比起地震本身的破坏性，因地震引起的火灾才是破坏城市、掠夺人生命的罪魁祸首。基于对此问题的重视，此后日本建筑行政部门的主要课题就是研究如何建设耐火城市和耐火建筑。曾经的"树木之城"江户变身为混凝土城市，原本纤细而人性化的"树木文明"也转换成庸俗、粗野的"混凝土文明"。引导这些转变的，就是以建筑基准法、消防法为代表的一系列相关法律法规。其结果是，要想用杉木建造像雨丝一样的建筑，就必须妥善和这些法规打交道。

木材耐火技术，在欧洲和日本已初露端倪，对此我有所耳闻。在我收集、检索资料的时候，遇到了宇都宫大学的安藤老师，他给了我有趣的建议。马头离宇都宫大学很近，我感觉冥冥之中好像有某种缘分。当我打电话去宇都宫大学时，对方说："我们这儿没有姓安藤的教员。"经过仔细调查，这所大学的确有一位安藤先生在册，但他不是教授，也不是副教授，甚至连助教也不是，他只是一名研究生。（译者注：日本的研究生不同于中国的研究生，指的是日本大学的非正规生，一般只做短期研究，研究结束发给"研究生修了证明书"，没有学位。）安藤实先生在枥木县厅长期担任林野行政一职，刚刚退休。第二次世界大战后，日本林野行政的主要职责，就是增加杉树、柏树的育林面积。安藤先生退休前的职场人生，就是为这个目标费心劳神。

当安藤先生重新审视故乡的群山时，心中萦绕起这样的疑问：这样真的好吗？的确，杉树满山的景象已经形成。但是，将杉树砍伐后当做木材使用的需求极少。加拿大、美国产的木材价格更易被客户接受，而且在木材的硬度方面，杉树也略差一些。曾有人说过非常不可思议的话：日本山上的树木，砍伐得越多，损失越大。于是杉树林不做像样的间伐，就这样任其荒芜。被弃之不顾的杉树林，破坏了生态平衡，超乎寻常的大量花粉在空中散播，甚至有人提出，花粉症的元凶就是偏袒杉树、柏树优先主义的日本林野行政部门。难道不能想办法让日本的杉树重放光芒吗？作为行政人员的人生他已认真度过，安藤先生把他余下的人生投入到了杉木耐火性的研究中。

安藤先生在宇都宫大学注册后，就开始以自学的方式埋头研究杉木的耐火性。不久他就发现了将杉木的弱点转化为优点的方法。树干将根部吸收到的水分运送到上部，是依靠叫做导管的管道完成的。杉树的导管被一种叫做纹孔膜的瓣膜分隔开，就算往树里注入药水，这种瓣膜也会形成阻碍，使药水无法渗透到树木内部。因此，一些增强耐火性、提高耐久性的液体，对杉树都起不了作用。杉树很难打理，这是早已有的定论。

安藤先生发现了用远红外线照射杉木的方法。用这个特殊的方法照射杉木，就会使杉树导管中的水蒸气蒸发，造成阻碍的瓣膜也就一下子消失了。没有了瓣膜的导管，液体就能顺畅流动了。在欧洲，处理木材经常使用的是高压注入的方法，现在无须这么麻烦，只要将木材浸入液体，就能够使液体进入木材的最深处，杉树的缺点反而变成了优点。

这个方法是退休后的安藤先生独自研究的成果，专业学会对此不屑一顾，他也不曾在真正的建筑中尝试过这个方法。虽然广重美术馆的杉木采用这种方法处理，不能完全保证能够通过建筑基准法的审查，我还是为了将它变为现实而努力。从那天开始，我四处奔走。不仅是因为我觉得这个方法有值得我奔走的巨大价值，更因为我真切地感受到日本的群山存在着如此巨大而深刻的隐患。

Time Over

我们带着用安藤先生的方法经过远红外线处理的试验品来到名叫建筑中心的测试机构，这时日程已经很紧张了，或者说已经超时了。一旦我们带来的杉木板在这个测试中燃烧起来，那么屋顶和外墙就不能使用这种杉木了。设计图纸必须全部重新绘制，所有的概算也必须重新做。

日本的建筑工程，无论是公共建筑还是民间工程，工期都是按照所有环节进展顺利的状况来设定的。也就是说，设定的是在所有的技术与设计环节都能环环相扣的情况下，才能刚刚好如期完工。在如此紧张的时间表上，哪有时间讨论新技术和细节？

严格遵守时间表，是建设公共建筑的绝对条件，根本没有多余的时间将原本以杉木为基材绘制的图纸改成用铝或铁等耐火材料做基材的新图纸。如果这种杉木没有通过燃烧测试，会给町长和相关负责人带来很大的困扰。恐怕就职于企业的设计师也无法承担这种风险，弄不好还会使这位工薪族的职场生涯毁于一旦。就算他不是工薪族，也会有风险，有时甚至会承担更大的风险。"那个建筑师不遵守时间表，是个靠不住的家伙。""他是个与社会脱节的"艺术家"。"如果这类评价散播开，也许以后再也没人邀请他做设计了吧。

但是，我们对杉木孤注一掷。我认为这种技术值得我们全心投入。为了使自然素材在建筑中复活，我觉得必须要承担这种风险。如果不在这里承担风险，那么我们这一生都要继续一种"安全"的图纸作业，就是在混凝土表面粘贴一层薄薄的装饰。这种"安全"的人生，结果就是日本的建筑只剩下带着装饰的混凝土，城市里到处是混凝土建筑，毫无变化。

建筑中心为燃烧测试准备的旧报纸非常多，在杉木板的上面和下面都铺上了。安藤先生的处理技术对杉木的外观基本没有任何影响，所以它看上去只是没有任何防备的切割开的杉木。和这么多旧报纸放在一起被点燃，怎么看也觉得会一瞬间就化为灰烬。我们几乎都绝望了，一边祈祷着一边等待点火。

但是，那块杉木没有燃烧。我们不用写检讨书和道歉信了。也不用改动图纸，可以按照预定计划开工了。或许我们只是运气好，又或者杉树之神庇佑着我们。

媒介建筑

那片地在马头町公务所的北面，山林脚下。在山林的半山腰，有一间很雅致、给人感觉很好的神社。我想建一座由小镇通往神社的如参道一样的建筑。（译者注：参道就是在神社、寺院等场所修建的供参拜的人行走的路，多指神社从鸟居到正殿的路，寺院从山门到正堂的路。另外，鸟居是一种类似于中国牌坊的日式建筑，常设于通往神社的大道上或神社周围的木栅栏处。主要用以区分神域与人类所居住的世俗界，算是一种结界，代表神域的入口，可以将它视为一种"门"。）在西欧，建筑就是所谓的纪念碑。教会耸立在小镇的中心，发挥着城市纪念碑、视觉中心的作用。日本的神社并不是这种意义的纪念碑。真正神圣的事物不是神社本身，而是神社对面的山。山本身就是纪念碑，为了凸显山，为了显示山的神圣，才在山前建神社这个媒介。进而为了凸显神社，建造了参道和鸟居。人造物从这个意义上来说，全都是媒介，

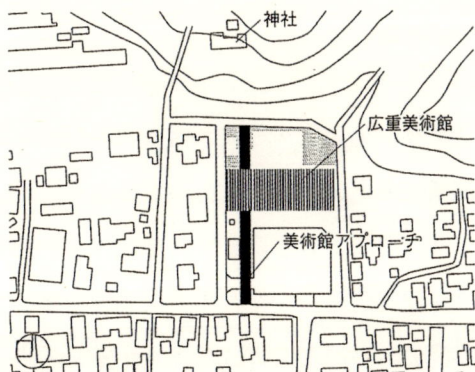

图 27　广重美术馆的部署规划

扮演着彰显自然的角色。

　　我想按照这种方法将广重美术馆作为媒介来设计。神社在山前扮演着彰显山的角色，而我在神社前设计的建筑，就作为参道和鸟居来彰显神社（图 27）。

　　这座建筑不能太显眼。首先，要设定好从小镇到神社的参道。面对参道，建筑要保持低调，只展示低平的房檐即可。如果面向通道的不是房檐而是山墙的话，三角形的坡顶就会直接映入眼帘。这种三角形的表达意愿过于强烈，会对珍贵的神社之美以及深山之美形成障碍。面向道路，如果入口是开在房顶截面的山墙上，就叫做"妻入式"；相反的，如果是从平顺的房檐下进入建筑，这种方式就叫"平入式"。广重美术馆就坚持采用"平入式"。

　　而且，房檐矮一些才好。房檐一高，下面的墙壁就要表现自己，这样一来就会显得很嘈杂，难以控制。房檐的高度是 2.4 米，即使作为住宅，这个高度也很低。作为一个供不固定人数人群使用的公

91

共建筑，让人们穿过这么低矮的房檐进入建筑，设计这个高度可以说毫无常识。以这个高度，伸手都能触到房顶了。房檐设计得这么矮，墙壁就消失于房檐投下的影子里。房檐伸出的长度我索性做到 3 米。只有伸展到这种程度，才能在房檐下制造出足够大的影子，使墙壁"消失"，彻底消弭这个将内外分隔开的因素。利用影子将内外、建筑与自然融合在一起。

从通往山下的通道来看，这栋建筑的高度非常低，丝毫不会妨碍神社，也不妨碍山林。在这建筑的正中央开了一个孔洞，穿过它，既可以步行去神社，也可以去山上。与其说是建筑，不如说它是鸟居。而且这栋建筑比鸟居矮多了。鸟居过于醒目，虚张声势，大多数情况下成为对山的干扰。我想要的是更加矜持的鸟居，毫不起眼、极普通的孔洞（图 28）。

我在建筑中开孔洞，还有一个好处。在孔洞的左侧，加入了商店、餐厅等实用设施，在孔洞的右侧，则规划了稍有点故作姿态的美术馆功能区。这种小镇美术馆不能显得太过刻意。前往神社的参道旁，舒服的商店、小吃店最适合这个小镇。博物馆商店、博物馆咖啡厅，这些高雅的事物并不适合这里，出售还带着泥土的山药的商店，与这小镇神社前的美术馆最相配。

图 28 广重美术馆，连接小镇与山林的通道"孔洞"

连接内外

穿过贯穿建筑内部的孔洞，双手合十，安静地向神社和山林敬拜过后，再向右转（图29）。一边充分享受着铺满碎石的庭院里的寂静，一边走向美术馆。这里是对广重"大桥骤雨"空间的再现，即z轴上的多层次空间。穿越孔洞的过程，就好像脱掉宫廷礼服的过程一样，重叠的空间层次，一层一层地揭开，最后来到一间装饰着广重亲笔画的昏暗展厅。小镇、山、神社就好像宫廷礼服一样，被绑缚在一起。

随着参观深入到内部，建筑的素材也更加柔软。这种做法很像

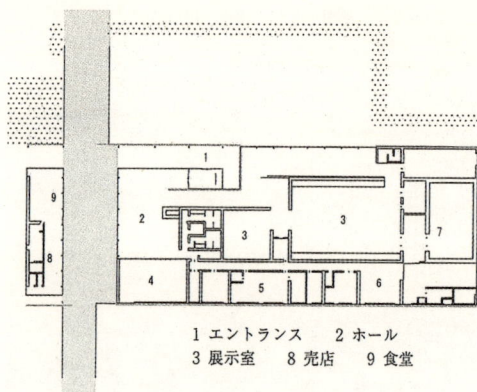

1 エントランス　2 ホール
3 展示室　8 売店　9 食堂

图 29　广重美术馆，
一层平面图

服装设计。最外面的一层就好像外套，用的是坚固粗糙的素材，不会因为一点外力就产生皱褶，接下来就是夹克、衬衣、内衣，材料变得更加柔软、纹理更加细致。服装就是这样从外到里组合起来的。

　　建筑在广义上来说也是服装。在脆弱的身体和粗犷的环境之间扮演着中介的角色，从这个意义上来说，建筑与服装没有根本的区别。服装设计不能忘记身体，而建筑设计却经常忘记身体的存在。

　　在广重美术馆里，身体与环境之间有三个空间层次。最外面的一层，也就是相当于外套的那一部分，排列的是横截面为 3 厘米 × 6 厘米的杉木方木。间距是 12 厘米，所以杉木与杉木之间的间隔就是 12 厘米 − 3 厘米 = 9 厘米。再往里一层，是用和纸包裹杉木方木，将它们排列成百叶窗。最里面的一层，是通过内部照明朦胧发光的和纸发光墙。这三层空间由此组合完成（图 30）。

　　和纸发光墙窗格的间距是 24 厘米，这栋建筑的基本尺寸构成

图 30　广重美术馆，透过裹着和纸的百叶窗看外侧的百叶窗

都是 12 厘米的倍数。地面铺装的石材的基本尺寸也是 12 厘米的 2 倍，即 24 厘米。12 厘米制造出的节奏感，充盈着整个空间。结构工程师青木繁先生和牧野里美小姐为了不破坏这种节奏，专门设计了细柱子。日本传统建筑中称作"割木"的尺寸调整体系，就是类似这样调整建造美丽细柱子的节奏，使它与整体空间的节奏同步。在日本，结构计算也要追求纤细。

和纸墙

我们提交了好像宫廷礼服一样的空间层次构成方案。但建设委员会针对墙壁上的和纸提出了异议。他们认为，孩子绝对会将和纸捅破，还威胁我们说，如果被捅破了，你们会亲自过来更换吗？然而，孩子真的会捅破和纸吗？以前我们去过的日式旅馆，到处都是纸糊的拉门。孩子们并没有把它们捅破，然后离开。即使在旅馆这种公共场所中，和纸也被小心、完好地使用着。就算是柔弱的事物也要小心对待，或者说正因为是柔弱的事物，才要小心对待。这本来就是日本的文化，建设委员会却不理解。

这样一来，我们又提交了在真正的和纸背面附上一层塑料人造和纸做衬底的方案。这种人造和纸的强度是真正的和纸的10倍。即使孩子们故意搞恶作剧，用手指去戳，它也不会被捅破。经过实际测试，这个贴两层的方案最终通过。照顾到对方的要求，是将建筑变为现实这一行为中最重要的一点。"因为使用的是自然素材，所以破了、脏了都是很自然的。对方不能理解这一点真是太差劲了。"如果你这样想的话，这个建筑会就此夭折。突然改变态度，指责这是不懂得自然价值的环境破坏行为，与对方正面起冲突，这样一来就完了，什么也实现不了。从突然转变的强硬态度中，没有诞生优秀建筑的先例。

使用自然素材本来就很困难。无论规划做得多么严密，总会产生意想不到的问题。这是采用自然素材的必然结果。所以我们要慎之又慎，用人造和纸做衬底。如果照顾不到这种细节，本来能通过的也会通不过。对方的批评必然有一定的道理。只要将所有的意见都照顾到，自然素材的建筑最终就能实现了。

自然素材满身都是缺陷。破损，腐坏，碎裂——正因为与这些危险是死对头，所以才是自然素材；正因为满身都是缺陷，这些素材才能使空间充满柔和的空气，为我们疗伤。

重要的是认同缺陷，不要对缺陷突然改变态度。首先要认同缺陷，然后做最大限度的努力，毫不气馁，持续研究，摸索出解决的方法。如果没有这种谦虚的态度，自然素材只能消失。能够拯救自然素材的，不是突然变得强硬的态度，不是宏大的演说，也不是争斗，而是谦虚和努力。受益于此，广重美术馆的和纸现在依然保存完好。

5

竹子——
万里长城的冒险

Great (Bamboo) Wall

我对竹子感兴趣，或许是源于儿时后山的那片竹林，那儿曾是我的游乐场。那些竹子都长在陡坡上。那时我的一大乐事，就是抓着竹子爬斜坡。洒满整个竹林的澄澈的绿光独具魅力，我非常喜欢竹子的纯洁、笔直，以及它不同于金属和瓷砖的质感。

我要创造一个竹林那样的空间。虽然我一直有用竹子来设计建筑的念头，但竹子有一个很大的缺陷：它一旦干燥就很容易裂开，所以不能用作支撑建筑的立柱和房梁，只能作为室内装饰品来使用。在日本，大多将裂开的竹子摆在一起组成一面墙，或是用它做壁龛立柱。无法做支撑建筑的立柱，我感觉这一点与真正的竹林有着本质的区别。竹林的美来自竹子的强韧。它就好像美丽而坚强的女性的双腿，纤细笔直，却有一种温柔的坚强，能够抵挡任何强风的侵袭。这坚强、温柔又纤细的事物，扎根于地下，与大地成为一体，彼此支撑。这正是竹林美的起源。正因为它拥有地下茎这一罕见的"技巧"，才能兼顾纤细与坚强。竹子的美与土地的坚强是一体的。与其说竹子是木材的一部分，还不如说它是大地的一部分。如果竹子只是与大地割断了联系的单纯装饰，我们一点也不会感动吧。

竹子框架

难道不能用竹子做支撑建筑的立柱，而只是做装饰吗？我虽这么想，但脑中没有任何具体的构想。有一天，我向结构工程师中田捷夫诉说我多年来的愿望，他给了我一个建议，说可以用竹子做框架，往里面注入混凝土。这是受一项名叫 CFT（concrete filled tube）的新建筑技术的启发。普通的混凝土立柱都是这样建成的，先用三合板做框架，里面装入钢筋或钢骨，然后注入糊状的混凝土，待混凝土凝固以后，再拆掉外面的框架。用 CFT 技术不需要做框架，因为是往钢制的管子里注入糊状的混凝土。普通的立柱就好像人类的身体，只是内部有骨骼，CFT 的创意却完全相反，连外部皮肤部分也是硬硬的骨骼，用来支撑身体。如果采用这个方法，就不需要框架了。框架一般都使用一种叫南洋材的木材，无论是从保护资源的角度，还是从二氧化碳排放的角度来看，都是一个大问题。如果采用 CFT 技术，就不需要南洋材做的框架了。没有了拆装框架的工序，工期自然就会缩短。因为有内外两层骨架，这样建造的立柱虽然纤细却很坚固。

将这种尖端技术应用在竹子这极其朴素、原始的材料上，我想应该是很痛快的一件事吧。建筑尖端技术与其他工业技术一样，越是发展，越与人类、身体这些有血有肉的存在绝缘，越是有缺乏质感的倾向。另一方面，一些老人一味夸赞以前流传下来的手艺活，百年如一日重复着对过去的赞美。这就好像在小酒馆里的说教一样，他们的抱怨丝毫无法改变世界发展的潮流。如果能够以一种人们难以想象的方式将尖端和野蛮巧妙地联系起来，不就变成打破这种僵持、分裂局面的契机了吗？既不是冰冷的尖端，也不同于毫无前景可言的老人们的怀旧，有无可能开辟第三条途径呢？抱着这种想法，我鲁莽地开始向竹子的 CFT——因为是往竹子（bamboo）里填满混凝土，也可以叫 CFB——挑战。

我想到了两个困难。一个困难是，是否存在能做混凝土立柱那么粗的竹子。另一个困难是，众所周知，竹子里面有竹节，是否能够轻松去除这些竹节。令我意想不到的是，这两个困难都轻而易举地被解决了。日本的孟宗竹很有名，我们甚至得到了直径达 30 厘米的竹子。去除竹节更简单。对普通的钻孔机稍加改造，只要增加一个工具，我们的工匠就无须割开竹子，将钻孔机的前端从根部插入，就只能将竹节全部削掉。

竹屋

就这样，第一间竹屋在日本完成了。我使用直径为 15 厘米左右的竹子，在里面插入了两根横截面尺寸为 5 厘米 ×5 厘米的角钢（截面呈 L 型的钢骨），然后注入混凝土。用这种方法制成的立柱，与那些只做装饰用的"仿"竹壁龛立柱不同，它看上去很坚实，有强大的支撑力。它与只做外表装饰的纤细竹子不同，有强健的骨骼。

除了 CFB 立柱，其余部分我都尽可能地用竹子来制作。100 棵竹子排成一排做墙壁，内侧用玻璃墙围起来，就变成了内室。地面也铺满了竹席。一开始脚底也许会有点疼，不太适应，但光着脚走惯了，会觉得很舒服。现在所有建筑材料的发展趋势，都好像塑料壁纸和塑料地垫一样，平整光滑得让人找不到缺点，这个房间里地面粗糙的异物感让人感到很新鲜。我曾经在印度尼西亚参观过一种类似高脚楼的狭长房子，人们都在竹席上生活。一层是饲养家畜的地方，人类的排泄物就成了家畜的饲料。在这里，土地、动物与人类实现了真正的和谐共存。新技术使得像高脚楼这样朴素又舒适的生活变成可能。

　　从开始决定使用竹子，我就知道最大的难题在于竹子的耐久性。首先，必须在合适的季节将竹子从山上砍下来。竹子中的糖分随季节的变化而变化，如果不趁着糖分低的时候砍下来，竹子会很快腐烂掉。初春时节在长竹笋之前，竹子里的糖分最高；相反，过了盂兰盆节，刚入秋的时候，糖分最低，要赶在这个时候采伐。将竹子砍下来后，还要进行热处理。青竹中寄生着各种各样的微生物，如果不通过加热的方式将它们杀死，也会导致竹子腐烂。热处理的方法大致可分为用热水煮沸去油的方法和利用火烤的方法。成本方面，火烤法是水煮法的几倍。虽然这两种方法都会使青竹变成黄色，但是用火烤过后会有一些烤焦的痕迹，竹子本来是很精悍的，这样给人感觉好像是烤坏了。虽然在耐久性上并没有很大差异，我们还是采用了水煮去油法。

长城脚下的公社

在完成了第一间竹屋后不久，我就接到了要在中国的万里长城脚下设计住宅的邀请。原本这块地要建高尔夫球场，由于当时中国政府改变政策，不允许建高尔夫球场，张欣这位当时 37 岁的女性带领她的红石公司购买了这块土地的使用权。她和她的朋友北京大学教授张永和谈起如何利用这块地。这片荒地距离北京市区的车程是一个多小时，在这里树都长不好，到处都是坡地，没有平地。所以，万里长城就是沿着这么陡的地势上下蜿蜒的。谁会在这儿住呢？

张永和和张欣得出的结论，几乎可以说是破罐破摔。他们的构想是，邀请当时最活跃的十二位亚洲建筑师，请他们设计展示各自最喜欢的房子。项目的名称就是"长城脚下的公社"。

张永和的父亲是毛泽东时代的著名建筑师，设计了天安门广场前有着众多立柱的观礼台。他本人留学美国，在休斯顿的莱斯大学执教后不久，受邀到北京大学任教。此后，美国著名大学麻省理工学院又邀请他担任建筑系主任。美国大学为了争取来自亚洲的留学生，亚裔教师担任要职的情况正不断增加。

张欣就是张欣，她的父母是旅居缅甸的中国移民，20 世纪 50 年代回到中国。张欣高中毕业后在香港做工人。有一天，她一位青梅竹马的好朋友来看她，看着朋友在她面前流利地用英语交谈的样子，她突然心生一念，要去英国留学。经过千辛万苦，张欣从剑桥大学毕业，回到了中国。作为房地产开发商来改变中国的生活和社会，是她的梦想。那么，这两个人策划的"公社"究竟会是什么样呢？

说实话，在接到他们的邀请之前，我对中国建筑的印象非常差。到处充斥着对美国 20 世纪 80 年代超高层建筑风格的二流复制，一派文化极其匮乏的乍富景象。参与这种单调景象的扩大再生产的，都是一些在本国吃不上饭的欧美三流设计事务所。我对中国建筑设计师的印象是，他们大概连毛泽东都不放在眼里吧。张欣和张永和却想打破中国建筑界的这种氛围。他们一手端着几乎能被点着的高度白酒，一边慷慨激昂地说，他们想做的这个项目不是对欧美建筑的三流复制，而是要召集亚洲最具活力的建筑师，向当今的中国、当今的亚洲发出讯息。

话说到这里，我决定不妨一试。我送交的草图前所未闻，是将万里长城与竹屋交织在一起。竹子是悠久的中日交流史的象征。日本建筑师要在中国工作的话，必用竹子。在中国，也有一个"竹林七贤"的故事。七位孤僻的贤士，背离城市核心价值观，隐逸到竹林中。兼具野外豪放气派与城市优雅气质的竹林，最符合七位贤士的孤僻哲学。如果中国的城市都被美国式的超高层建筑污染了的话，我也会学这七位贤士的做法，到竹林里去寻找希望。

万里长城模式

我们的方案就是将这栋竹屋按照原样安置在陡坡上，不做任何的土地平整工作。正如各位所知，长城附近全是丘陵地带，没有平坦的土地。一般 20 世纪土地开发的普通流程就是：首先平整土地，用推土机推出平坦的地面，然后在上面建造建筑。这与古典雕塑的制作手法完全一样：先准备一个平稳的底座，然后在上面放上一个外形美丽的雕塑。的确，有了底座让雕塑从外表看起来很好看。利用平整作业将建筑从周围杂乱的世界中剥离出来，使它看起来清清爽爽。堪称 20 世纪先锋的知名建筑师——勒·柯布西耶、密斯，他们都是沿用"底座"进行设计的名人。他们是所谓的"平整派"巨匠。

但是，如果在这片丘陵地带采用"平整派"手法，就会葬送这种地形难得的闪光点。我首先考虑的就是，尽量不动土地。相反，建筑的底部要变成曲线，来配合起伏的地势。我们将它叫做"万里长城模式"。建造万里长城也没有进行任何平整，就配合原有的蜿蜒起伏的地形筑起城墙，中国的古人发明了这种极具现实性、又对环境伤害很小的建造方法。他们的核心思想就是输给地形，输给自然。本来这种丘陵地带就很难平整好。

果然不出所料，张欣和张永和都对这蜿蜒在起伏地势上的竹屋大加赞赏。他们情绪高涨，认为这样一来就能与暴发户似的超高层建筑形成鲜明的对比。超高层建筑是脱离土地的极致，"万里长城模式"是向土地的回归。但发挥着至关重要作用的建筑公司的代表板着面孔，看也不看我们。他说，我们没建过这种房子．满脸的不悦没有任何由阴转晴的迹象。他们认为根本不可能用竹子这么脆弱的材料来建房子。

　　但我胸有成竹，画起了竹屋的草图，就是香港和北京超高层建筑的脚手架。不论是六十层还是七十层，中国的超高层建筑现在仍然大都使用竹脚手架。据说，有一段时间也曾经换成铁质脚手架，但铁脚手架太硬，落下时发挥不了缓冲的作用，太危险，遭到工人们的强烈反对，最终又用回竹制的。当看到正在用竹脚手架建造的超高层建筑时，我觉得没有比它更美的工地了。如果就这样在完工后还保留着竹脚手架的话，香港、北京或许会变成更具魅力的城市吧。难道不能建造一个像竹脚手架一样柔软、松散却又极纤细的建筑吗？抱着这样的想法，我们一边研究竹脚手架的细节，一边开始画竹屋的图纸。

　　从一开始我们就被施工方否定了，他们认为这种竹屋在实际施工时是不可行的。脚手架是很快就要拆掉的，所以才用竹子，但在永久性建筑上不应该使用像竹子这么脆弱的材料。被说成这样，我们不能再保持沉默了。我们送交了日本第一间竹屋的照片。我故意夸赞说，在日本建造这么美丽的竹屋已很普及，而且很多人正住在里面（虽然实际上根本没普及），在拥有如此高度发达文明的中国，在与竹子长期相濡以沫的中国，没有理由建不成。

奉承还是有用的，建筑公司终于同意了我们的方案。在教给他们去油的方法后，他们反而给我们提出了建议，认为只这么做还不够。去过油之后，再把竹子浸在油中，这样耐久性会更好。对方认真起来，给我们提出建议，这是很难得的，为了不浇灭对方的热情，我们要积极地采纳对方提出的建议，这是促使这类富有挑战性的项目取得成功的关键。浸过油的竹子变成了令人不可思议的茶色，这是我在日本不曾见过的，别有一番风味，它得到了许可用在这个建筑上。

在中国种植中国的萝卜

在一个地方获得成功的同一个细节、同样的技巧，我都尽量避免在其他地方的项目中重复使用。有一类设计师，他们在各类场所反复使用已变成他们的商标的固定细节、固定技巧，似乎要说："这儿也这么做吧。"我们的做法完全相反。要是无论什么地方都建同样的建筑，那就和麦当劳一样了。20世纪的工业品就是这样在无视场所、超越场所中发现自己的存在价值的。因为它能够超越场所，所以人们会对这种产品抱有一种安心感。但是，建筑必须是紧密接近场所的事物。即使种下同样的萝卜种子，在京都的土壤、气候下孕育出的是京都的萝卜。如果种在其他地方，就不会产生那种奇妙的味道。建筑与其说是工业品，不如说更像萝卜，是与大地和天气紧密联系的事物。

最终，在万里长城的土地上孕育出的竹屋与日本的竹屋感觉截然不同。首先，浸过油的竹子颜色不同。将直径6厘米左右的竹子按照12厘米的间距排列，这个细节在日本和中国是一样的。但是，即使直径同样是6厘米，在中国却产生了巨大的偏差。原料中掺杂着很多微微变形的竹子。在日本，工程进行过程中，即使将材料全部扔掉，也不允许"劣质品"进入工地。我们事务所的工程负责人、印度尼西亚人布迪很不好意思地把最初的样品拿给我看，抱歉地说："这是土木工程公司带来的，竹子规格这么不统一……"我反而觉得不统一很好。我的直觉告诉我，这或许就是万里长城出产的萝卜的味道。我容忍了这种不统一，所以我们的竹屋的建造成本比其他设计师们设计的房子都要低。

如果要求和日本一样的精度，或许就会留下这样的评价：日本人将他们的标准强加给世界，真是小气又讨厌的家伙。最终只会招致土木工程公司和工人们的怨恨，双方都会怀着厌恶的心情。而且，只会产出难吃的萝卜，既不同于日本的萝卜，也不属于中国的萝卜。巧妙地将身体托付给那个场所、那片自然，结果就会产生留在人们记忆里的个性建筑。如果能做到这一点，就能将丰富的多样性重新带到这个世界上。

布迪的工地

布迪提出要担任我们的工程负责人，这很难得，我不是没感受到他的热情。但实际上，一开始我们的客户张欣就告诉我们，不必派我们的团队到长城这么远的工地去。只要给他们类似草图的简单图纸，剩下的部分直到完工都由中国方面来负责，不用过于担心，也没有必要多次去工地。这就是客户的意见。所以，设计费报价也是基于这个工作量提出的。

这种案例在海外项目中极为常见。日本的房地产开发商也大都用这种方式委托海外的建筑师。"我们只需要简单的图纸就可以"，首先用这种说辞来对设计费大打折扣。关于细节和材料，开发商完全不顾及建筑师的坚持，所以能够大幅降低工程费用。如果建筑师屡屡来工地的话，就会指出细小的瑕疵，会反复变更和修改，工程费用也会因此大幅增加。基于种种原因，建筑界通行的殷勤却有些无理的做法，就是对建筑师说"我只需要简单的图纸"。

果然，张欣也是这么提的。她提出的设计费就是与这种做法相符的低廉价格。毕竟这个项目是带有实验性的，要在那片荒地上建起前卫的房子，设计费很低我想也是没有办法的事情。但只是交给他们"简单的图纸"，剩下的就全部交由对方处理，这种做法我无论如何无法接受。建筑的成败，最终取决于细节的成败，取决于具体素材的成败。如果将最关键的部分全权委托给对方，我就不知道到底是为了什么而辛苦做设计了。话虽如此，但对方的设计费报价这么低，我和负责人两人坐飞机去趟北京就没了，更别说让负责人常驻工地了，简直是梦中之梦啊。

正在我为此苦恼不已时，项目负责人布迪特意来跟我谈这件事。布迪是利用印度尼西亚文化部的交换留学制度来日本的年轻建筑师。他能用英语交流，所以他成为海外项目的负责人，竹屋的图纸也是以他为中心绘制的。布迪知道那个项目的设计费很低。即便如此，他也坚持要求去北京。他想在北京住一年，去工地上班，亲自检查监督所有的工程进程。他说，为此他已经找到了很好的解决方法。首先是经费问题。他有专供外国人使用的 JR 通票，可以免费坐到神户。从那儿坐船去上海，然后从上海坐火车去北京。这样一来，到北京大概只需要 1 万多日元。然后是住宿费。他找到了一间每天只要 500 日元的酒店，在那里住一个月花 15000 日元，住一年也只需要 18 万日元。他问我，这笔钱是否能由事务所来承担。

实际上，即使是这么少的钱，作为事务所来说，也是一笔很大的赤字。但是，我被他做如此周密准备的热情打动了，于是说："好！去吧！去万里长城！"

其实此后等待着布迪的是很艰难的日子。并不是便宜的酒店让他的生活艰难。他每天乘坐去往长城的公交车，下车后从车站还要再步行 30 分钟才能到工地。虽说这些很艰难，但与他在工地的辛苦相比，就不算什么了。他最大的辛苦，就是土木工程公司一直无视他的存在。

工地的建筑师

日本的总承包商和土木工程公司，不管怎么说，在面对设计事务所时，总是会高看一眼。不管他们在背后怎么想，如果设计事务所的人来巡视工地，即使他是个毫无经验的年轻人，也要口口声声地尊称他为"老师"，暂且尊重他提出的意见和建议。但中国的建筑公司没有这种习惯。这个每天坐着公交车来上班、长着一张娃娃脸的印尼年轻人，彻底受到了忽视。他们以一种"你为什么要到这儿来"的神色无视他的存在。尽管这样，布迪还是继续坚持坐公交车去工地。有一天，工地建筑公司的人们开始能一点点听进去他说的话了。这个接缝处请这样处理，这儿的竹子请用这个螺丝安装。当然他们不会100%地服从，但是布迪的想法开始在工程中得到体现。

由此可见，建筑师是否到工地参与施工，在成果上有很大差异。简单来说，经常往来工地，能够为建筑注入灵魂。客户要求的"简单图纸"所无法传达的灵魂层面的东西，布迪将它满满地注入到竹屋中。用"简单的图纸"委托别人完成的事物，它的灵魂已经被抽掉了。不管是多么有名的建筑师，用"简单的图纸"建造的事物，只会传递给人一种空欢喜一场、被愚弄的感觉。没有建筑这种活生生的事物本应传递的感动。所以，日本的房地产开发商委托国外的建筑师设计的建筑，经常会令人失望。

我不是自夸，在参与"长城脚下的公社"项目的建筑师中，再没有其他人像我们这样将工作团队送进工地的。说是送进去，其实是布迪自己做决定，自己参与进去，自己获得了工地上人们的认可。

布迪在那里也学到了很多东西。此后布迪回到了印度尼西亚，在巴厘岛设计了几家酒店，其中也尝试了未能在中国尝试的新的竹子设计细节——将丙烯和竹子组合在一起。可见他爱挑战的个性丝毫没有改变。竹子将日本、中国、印度尼西亚联结成一体。

不开裂的竹子

关于竹子，还有后话。在设计过程中，关于竹子的特性，我查阅了很多资料，其间我知道了有一种叫"瓜多竹"的不会裂开的竹子。一旦天气干燥，竹子就会开裂，所以必须采用把里面填满钢材和混凝土的繁琐工序。如果有不会开裂的竹子，就可以把它直接拿来做立柱或房梁了。与普通的木结构房屋一样，这会使建造"竹结构"房子成为可能。

这种"瓜多竹"原产于南美，主要生长在哥斯达黎加、哥伦比亚的高原上。有人警告说，瓜多竹的产地同时也是毒品的产地，还是游击队的活动区域。有实验结果表明，这种竹子不仅不会裂开，而且竹壁很厚，它的强度介于竹子与钢材之间，超过我们平时使用的容易开裂的亚洲竹几倍以上。为什么瓜多竹不会开裂呢？这是因为瓜多竹的内皮层与外皮层构造相同。从植物学上来看，世界上的竹子大致可分为三类，亚洲竹、瓜多竹和细竹。亚洲竹的外皮层和内皮层的构造不同，因而干燥收缩度内外不同，才会导致竹子裂开。瓜多竹的内外层结构相同，所以从植物学原理上来讲，就不会发生裂开的状况。

在熊本的酱油仓库维护扩建项目中，轮到瓜多竹出场了。滨田酱油从江户时代就开始制作酱油，它的仓库和工厂设施的历史可以追溯到明治初期。要扩建这涂着厚厚灰泥的建筑，用什么材料合适呢？有人提出使用灰泥的方案。还有人提出，干脆偏现代派风格，贴上玻璃。但我在闻着这南方浓厚醇香的酱油香气时，强烈感受到进行扩建时无论如何必须用竹子。我觉得竹子的轻盈、柔软和清凉感，能更好地烘托出酱油的味道。

这次的竹子建筑一定要用瓜多竹来建造。因为这产自南美高原的强韧的竹子，与南方的酱油是绝配。瓜多竹强度极佳，本身就可以做结构体，如果将日本的木结构建筑技术与瓜多竹进行结合，或许能为日本的木结构建筑带来一股新的风气。

竹子的生长非常迅速。也就是说，它将空气中的二氧化碳通过光合作用固定在体内的能力非常强。所以，利用竹子减少空气中的二氧化碳，为抑制全球变暖做贡献，有极高的可行性。如果烧掉竹子，或是任其腐烂，就会使通过光合作用好不容易固定下来的二氧化碳重新回到空气中。如果把竹子当做建筑材料长期使用，二氧化碳就一直被固定在竹子中了。我的想法是，如果用这种结实的材料建造的竹结构建筑能得到普及，一定会有助于控制全球变暖。在日本，长期以来竹子只是作为装饰品在建筑表层使用。我憧憬着，通过使用这坚强、对环境伤害小的竹子，或许能够从根本上改变日本的竹文化。

胡乱组装法

但是，障碍还是很大。首先，要从寻找与哥斯达黎加有贸易往来的公司开始。必须用集装箱运来，亲手接触到实物，这样才会涌出各种各样的创意。选择素材只是靠看照片、图片是不行的，必须要亲自接触、抚摸、敲击、闻味道。这个项目的搭档是结构工程师江尻宪泰，他想先用实物做一个强度测试。因为这种竹子在日本谁也不曾使用过，是不是真的有书上说的那种强度，我们都不得而知。三个集装箱的瓜多竹从哥斯达黎加运到了日本，打开一看，大家都大吃一惊。它比我们想象的还要厚，还要结实。素材所具有的质感，比如结实、柔弱、粗壮、纤细，都不是照片能够传达出来的。真正拿在手里，才会感受到某些东西。

但是，这种瓜多竹过于粗壮，我反倒有些不安了。明治时代建成的仓库，明显会输给这竹子的粗壮。南方的酱油好像也不适合这种强壮。我把这重重的竹子拿在手里冥思苦想时，突然灵光一闪，有了一个好主意，那就是把瓜多竹劈开使用。将竹子劈细使用，就可以和酱油、仓库取得某种平衡。我感觉好像自己故意

图 31　龟甲编

图 32　为滨田酱油做的"胡乱组装法"试验

把问题变复杂，自己把自己逼上绝路。光是用瓜多竹做建筑就已经很麻烦了，还要把它劈开，我的客户滨田和我的团队都稍稍表现出惊讶的神色。已经走到这个地步了，我只能相信自己对素材的直觉。

　　将竹子劈开编在一起，做成像轿子一样的结构体，这样的结构应该无法支撑建筑吧？收集日本传统轿子的细节，我努力寻找适合这种结实竹子的组装方法。有一种叫做"龟甲编"（图 31）的有规律的编织方法，不适合这种粗刨过的竹子。只有一种编织方法适合，就是叫做"胡乱组装法"的方法，将线材几乎是乱七八糟地随意组合在一起的方法（图 32）。我觉得这种随意的组合方法，不管竹子本身多么粗糙，尺寸多么不统一，即使它卷翘、弯曲，在整体上也能获得平衡。

图 33　为滨田酱油
做的竹子连接处试验

　　用竹子做建筑，最困难的就是竹子与竹子的连接处的处理。这与组装四角型材的日本木结构建筑相比，是不同层次的难度。想要把劈开的竹子连接在一起，会产生更大的难题。用随意的"胡乱组装法"组装，部件与部件构成的角度是不确定的，这更增加了难度。我彻底把自己逼上了绝路，这种感觉带有某种真实性，周围人的表情也更加严肃了。我尝试了把绳子绑在连接处连接部件的方法，还尝试了夹上木片及环氧树脂用螺钉连接的方法，却没有找到最终决定性的方法（图 33）。正因为困难，才会有以前从未见过的答案出现的机会。重复过去是最简单的，然而重复却不会产生感动。新的组合要求有新的解答。熊本明治时期的仓库、哥斯达黎加的竹子与南方的酱油，从这个组合中，与万里长城完全不同的新的竹子建筑正在出现。

6

安养寺——
土墙的民主

安养寺木制阿弥陀如来坐像收藏设施 （2002）

图 34 安养寺旁的墙

从下关沿日本海北上，一小时后到达的是丰浦町，现在叫下关市丰浦。这里有一件重要的文化遗产——平安时期（794-1192）的大佛，为了更好地保管它，当地相关部门委托我为它设计收藏设施。我欣然应允，受邀参观安养寺。因为有一尊大佛，所以我把建筑想象得异常宏大。而且据说是日本最大的木制佛像，我更把它想象得很壮观。但到了实地一看，这间寺院就是一处平房，很容易让人误认为是年久失修的民居，这让我多少有些失望。这里面真的收藏着重要的文化遗产吗？

木制阿弥陀如来坐像，虽说是大佛，但高度只有 2.7 米，算不上很巨大，但是在铺着榻榻米的普通房间里，和我们这些人并肩而坐，它还是显得很高大的。佛像的面部和手指都很大，很难得的是，这是用一棵完整的大树雕刻而成的。比这更难得的，是我在寺院周围散步时发现的奇妙的土墙。日本的土墙分为两种。一种是里面用木质的立柱和横梁搭起支架，然后在上面抹上稀泥固定，最后再在顶部加上瓦或者是树枝。还有一种是将瓦和黏土交替垒砌而成的墙，这种土墙也叫"泥瓦墙"。但是，我在丰浦的安养寺旁发现的围墙，不属于这两种中的任何一种（图34）。

土墙

这面墙有一半已经坍塌，能清楚地看到墙内部的结构。里面既没有立柱和横梁，也没有瓦片掺杂其中，只是在土墙顶上安了几片瓦。这面墙单纯而原始得令人吃惊，而且墙体非常厚。远远望去，它大概是用40厘米到50厘米厚的大土块自下而上一块一块垒起来的，现在墙上还残留着土块连接处的缝隙。

当我遇到与土壤有关的不懂或解决不了的问题时，经常找一个人来商量，就是泥瓦工匠久住章先生。我立即在这堵厚厚的墙前拨打久住先生的手机。久住先生本来是在淡路岛工作，现在他在日本全国各地奔走，所以我只能通过手机和他联系。"现在在我面前有一堵非常不可思议的土墙，他全部都是用土做成的……""那是土坯。"他马上就给出了答案。一时间我不敢相信自己的耳朵。土坯一般是沙漠里的建筑材料，也叫"adobe"。在既不长树木，也得不到石材的沙漠等干燥地带，这是人们建造房屋的方法。寻找黏土，掺入草和秸秆，与水混合搅拌之后，放在太阳下晒干（图35）。为了增加土坯的强度，有些地方还会加入家畜的粪便和血。在美国，有一个叫普韦布洛族的印第安人族群就是用土坯来建造房子的。一

图36 丰浦，用土坯垒成的仓库

图35 西非，多哥的土坯房

般来说，印第安人是不会建造固定居住的房子的，他们只是用树枝作支撑、外面挂上动物的皮毛，就好像搭帐篷一样建起临时性的房子，过着游牧的生活。固定住在土坯房子里的普韦布洛族，在他们眼中就是"异类"，所以才被起了个"普韦布洛"（房子）族的绰号。

在这种干燥的地方产生并流传开的原始施工方法，是怎么传到绿植丰富的日本的呢？而且在丰浦，不光是围墙，用土坯砌成的仓库，现存的还有好几间（图36）。这些围墙和仓库尽管只是用晒干的土块垒起来的简单构造，却经历了不计其数的地震和台风的侵袭，直到现在依然坚固，还发挥着作用。

土坯

我在城中漫步，围绕着房子与人们交谈，在这个的过程中，我已大体了解了土坯的由来，尽管还不太清晰。首先，围墙和仓库都不是从古代传下来的，好像是明治时代的产物。明治初期，那时既没有农业协会，也没有国家对大米的管理。收获的大米就存在自家的仓库里，等到价格比较高的时候拿到市场上出售，赚上一笔。这在当时的丰浦形成一股热潮。要赶上这股热潮，就必须尽快在院子里建好仓库。大家全都用院子里的土迅速盖好了仓库。比起用木材来建要节省得多，毕竟是自家院子里的土，没有材料费。

有人说，丰浦的土质很好，有利于确保仓库和围墙的坚固度。过去，日本的汽车业为了提高发动机的性能，曾大量使用颗粒大小统一的"丰浦土"。"丰浦土"是土壤中的名牌产品。

有关丰浦这方面的情况我逐渐了解得越来越多，有一次我有机会在巴黎作演讲，就向大家介绍了这种土坯施工法。这时，一位听众举手说："在法国也有土坯房。"拿破仑发起战争后不久，土坯房在法国就普及开了。战火烧掉了房子与森林，人们身处得不到木材的严峻环境中，只能先把土晒干来盖房子，以确保暂时的栖身之所。

无论是丰浦的土坯，还是法国的土坯，虽然乍一看是古代原始的施工方法，其实它们都是近代各种状况的产物。这一点很有趣。今天，在最恶劣的情况下，即使必须马上搭建帐篷等临时建筑，外行人也能用院子里的土建起这些建筑。在当地消费取自当地的物品，叫自产自销，而土坯就是最极致的自产自销式建筑。即使是没有木材和石材的场所，也不会没有地面。帐篷不是在任何地方都能得到的，考虑到这一点，土坯是超越了帐篷的最终极的逃生建筑。而且，它不必借助专家的力量，外行人也能像搭积木一样把它建起来，这一点很了不起。

建筑的民主

实际上，20世纪现代主义建筑运动初期的一个理想，正是这种自建的积木式建筑。20世纪现代主义的重要目标就是"建筑的民主化"。19世纪以前的建筑远离民主主义，是极具特权性的活动。那时所谓的建筑，就是特权阶级的主人出钱，建筑设计者中拥有特殊资格的建筑师进行设计，再由具有特权性高超技艺的施工者进行施工的事物。建筑具有三重意义的特权性。看一看欧洲各个城市保留下来的用石头建成的权威性建筑，就可以想象20世纪以前的建筑是多么具有特权性。打破这种特权性，依靠民众来建造为民众服务的建筑，这是现代主义建筑的一个口号。现代主义，即把建筑向普通大众开放的运动，就是"建筑的民主"。

最适合实现这个梦想的一种施工方法，就是砌筑混凝土块的施工方法。钢结构和现浇混凝土虽然同样是着眼于20世纪的施工方法，但是如果不是专业的施工人员的话，就无法进行施工。而像摆积木一样外行人都能搭建起来的砌体结构，任何人都能靠自己的力

图 37　赖特／霍利霍克住宅　(1921)

量来完成整个工程。

　　最先关注砌体结构的民主的，是弗兰克·劳埃德·赖特。他在洛杉矶的霍利霍克住宅（图 37）中，制作蜀葵花的复杂造型时，首次使用了混凝土块。这么复杂的造型，如果让工匠用抹子一个一个地去做的话，不知要干到何年何月，而且工程费用也会大幅增加。做好一个模型，然后倒入水泥，无论多么复杂的造型，都能够大量生产出来。就这样，赖特用蜀葵花形状的美丽混凝土填满了整个霍利霍克住宅。此后的 20 世纪 20 年代，在洛杉矶规划的三栋住宅中，混凝土块得到了全面使用，不是作为装饰，而是作为支撑建筑整体的结构体材料。混凝土块的边缘切割出沟槽，注入水泥来进行粘合。这是最简单的施工方法（图 38）。赖特自豪地说："混凝土块是最廉价、最平凡的东西。很多时候，它被当做岩石纹路石材的替代品用在排水沟等地方。那么我们不能试着用这'排水沟里的老鼠'做点什么吗？"（以上引自《赖特自传》）

　　但是，不久后赖特就对砌体结构失去了兴趣。当时，从 20 世

图 38　赖特／恩尼斯住宅　(1924)

纪 20 年代到 30 年代，勒·柯布西耶、密斯等赖特欧洲的竞争者们所追求的是抽象而轻盈的表现手法，与此相比，"排水沟里的老鼠"无论是多么民主的材料，外表看上去就好像以前的石砌建筑一样粗糙、笨重，怎么看也不像"20 世纪的事物"。比起对本质的讨论，怎么创造外在美的美学优先受到重视。于是，砌体结构这个打破了建筑存在的特权性、蕴含着使建筑民主化的巨大可能性的结构，最终作为"排水沟里的老鼠"再次被舍弃。

丰浦的"老鼠"

恢复一度被舍弃的"排水沟里的老鼠"，是安养寺项目的一大课题。在这里登场的"排水沟里的老鼠"，并不是随处可见的"老鼠"，而是将工地的土壤与秸秆混合而成的真真正正的"工地的'老鼠'""当地的'老鼠'"。我一定要尝试一下，看看在这块土地上培育的、此处独有的"地鼠"身上产生的可能性，会赋予建筑怎样的力量。而且，这种"老鼠"甚至还具有调温调湿的功能。这与普通的混凝土块有很大不同。并不是只要将土壤在太阳下晾晒，就会具备调温调湿的功能。土壤颗粒的大小必须在一定的范围内，否则就没有调节湿度的功能。抹灰墙的代表——京都的聚乐土、用于盆栽的栃木的鹿沼土，这些土壤颗粒的大小正好都在这个范围内。我们运气很好，安养寺的土壤颗粒大小也在这个范围内。这样一来，似乎不安装空调设备也可以，只依靠"土壤"这个空调设备就行。这样当然就不用花电费了。几百年来都被孤孤单单安放在没有空调的房间里的大佛，一定觉得这样更舒服。将大佛作为重要的文化遗产进行管理的文化厅也为我们准备了各种各样的数据，他们决定就按照没有空调的条件来运作，"丰浦的'老鼠'"终于开始嘎吱嘎吱地活动了。

但很快我们就遇到了一个大难题。我们得到确切的消息，用土块砌筑的做法无法得到建筑许可。将小型单位个体垒砌起来，这种称作"砌体结构"的施工方法本身，日本的建筑基准法是认可的。但对砌体结构的认定，仅限于使用石材和混凝土块这两类单位个体的情况。将工地的土和秸秆混合后晒干，用这种不可靠的个体建造的建筑，他们无法颁发建筑许可，这是政府部门给出的合理解释。

当原理主义遭遇自然素材

事到如今，我们面前有两条路：一条是放弃土块的构想。另一条是在使用土块的同时，寻找一种能够获得建筑许可的折中的结构体系。我们毫不犹豫地选择了第二条路。

我们经过多次失败的尝试，终于找到了解决方案，那就是在混凝土结构框架的外部砌上土块，用钢制五金件将两种结构体系紧密连接在一起。这就出现了一种观点，认为这不再是纯粹的"土壤的建筑"，而是混凝土与土壤并用的"不纯粹"的建筑。"自然素材原理主义者"或许会这么批评。"如果采用这种不纯粹的做法，还不如不用土壤。"这就是原理主义者的批判。

但是，我们并没有采用原理主义。原理主义不适用于建筑这个现实的世界。如果坚持原理主义的标准，自然素材肯定会无一例外地全部从这世间的建筑中消失。我已反复强调过多次，自然素材有各种各样的弱点。如果比照当今建筑材料的标准，自然素材几乎全都是缺点。为了弥补它的"弱点"，我们绞尽脑汁。有时它也需要混凝土和钢铁的辅助。当然，我们尽量不借用这种辅助。但是，当这么做能够拯救自然素材时，我们决不会选择不做拯救、放弃自然素材的那条道路。

向限制发起挑战

当然还有预算的问题。原理主义者主张，无论花多少钱都必须保证建筑的纯粹性。但是，任何建筑都存在预算限制。通过预算限制，建筑与社会联系在一起。社会对建筑有怎样的期待程度，利用预算这个指标来具体展示。不与社会发生联系的建筑，是不被人们需要的建筑，是与人类生活没有任何关系的建筑。可以无限制花费金钱的建筑，是与社会和人类都没有关系的虚构的建筑。"预算"这个存在周旋于人类和建筑之间，发挥着中介的作用。

因此，不要小看"预算"。不要咒骂说："都是因为那个抠门的主人，我没法做出像样的东西。"幸亏有了"预算"这种限制，建筑才能成为真正的建筑。在"预算"的限制中寻找拯救"柔弱的"自然素材的对策，这项朴实的工作是一个巨大的挑战。如果我们不卖力的话，将会不断失去"满身缺点"的自然素材，最终它将在世界上永远地消失。

基于这个原因，我们在对法律、预算等限制的妥协中，完成了土坯建造的大佛之"家"。永住先生在这看似采用原始技法的建筑中倾注了他全部的经验和技术。例如，他建议在雨水比较容易淋到的地面附近的土坯块中，混合少许水泥。他指出，只用土晒制而成的土坯，一淋雨，土就会从表面慢慢融解散掉。换成原理主义者，或许他们会说这些混合了水泥的土块是不纯粹的，不是自然的。但是，在为此争论不休的时候，建筑就会眼睁睁地被雨水融解掉。吞下眼泪，历经数不尽的妥协，其结果是终于能够拯救出一种正在消失的自然素材。就这样，我们将"地鼠"从它的隐匿之处救出。

7

龟老山瞭望台——
自然与人工的界限

亀老山瞭望台（1994）

岛上的道路很窄，我们开着小车沿着尚未铺装的窄道上山。我们的目的地是一座有着奇怪名字的山峰——龟老山的山顶。途中经过一片橘子园，在幽暗的橘林里穿梭于枝叶间，终于到达山顶，这里竟然是一片敞亮的停车场。将原本的山顶削平，用柏油铺好路，还画上了白线。四周海面上散布着濑户内海的群岛。这一片叫做芸予诸岛，岛屿数量众多，有着美丽的爱琴海式的风光。龟老山位于其中的一个大岛上，对面是爱媛县今治市。俯视下面的小岛，能够看到村上水军城遗址的石墙，却没有人在那里生活的迹象。

町长要求我在这里建一个地标性的瞭望台（现在这里属于今治市的一部分）。在小镇最高处的山顶上，建一个地标性建筑，这想法本身并不让人惊讶。但是，在这片柏油停车场上，孤零零地立着一个高塔式的瞭望台，让人想来禁不住感觉很寂寥。不管是贴上了石片的高塔，还是木质塔，那种孤独矗立的寂寞感，都是无法消除的。

山顶的露天剧场

一个月后，我们提交了瞭望台方案，这恐怕与町长所期待的完全相反。他一看到模型，嘴里就开始嘀咕。我们的方案是恢复山顶原本的形态。在复原后的山上留一条缝隙，将瞭望台置于其中（图39）。这条缝隙在地面上基本是看不见的。这个瞭望台是一栋看不见的建筑，没有外观，没有形状。在树木间拨开缝隙，深深扎根于

图 39　在复原后的龟老山山
顶上嵌入瞭望台

土壤中，整个身体被大地包裹。抬头望去，是取形方正的濑户内海的蓝天。正面是直入天际的阶梯。这种设计让人感觉仿佛是攀登到阶梯的尽头，突然间身体好像就被抛到了爱琴海上。如果说通常人们想象中的塔式瞭望台是雄性建筑，那么这种深深刻入山里的就是雌性建筑。

　　这个雌性体内的大台阶也是露天剧场的观众席。设计的台阶尺寸可以容纳 200 人。这个拥有 8000 人的小镇原本没有文化场馆。如果有艺人来表演的话，初中体育馆就变成公演场馆。我尝试说服因这"看不见的建筑"而哑口无言的町长，向他解释说，这里的大台阶采用的是像古希腊圆形剧场（图 40）那样的截面形状，这样的剧场绝不会输给其他任何文化场馆。我一开始用比较浅显易懂的话来向他解释：如果建造这种瞭望台的话，等于附带了一个 200 人的剧场。我不能反问对方为什么在这么美丽的山上还需要建纪念碑，更不能指责对方是大自然的破坏者。如果这样的话，对方会慢慢变得具有防御性，事情就很难再有进展了。要从对方比较容易参与进

图40 雅典的狄奥尼索斯剧场

来的角度，将解释的重点转向作为范例的希腊圆形剧场，而不是罗马时代的圆形剧场（图41）。希腊的圆形剧场大都是利用自然地形修建的，位于底部的舞台背后没有任何墙壁，空间向外部的自然环境敞开。

但是到了罗马，大多数剧场的建设都不利用自然的斜坡，而是作为人造结构体，切断了与自然的联系来修建的。舞台背后紧接着修建宫殿式的建筑，剧场慢慢发展成了与外部自然割裂开的人造建筑。

罗马风格的剧场，就象征着罗马文明的性格。正如谚语"条条大路通罗马"所说的那样，要以在数量上占绝对优势的气势来修建道路。罗马建筑以希腊建筑无法比肩的规模和高度来自夸。虽然古罗马帝国的开国皇帝奥古斯都构建了帝国的基础，在多方面取得了辉煌的成就，但回顾他的统治，要找出一件真正由他自己完成的事

图 41 利比亚大雷普提斯的剧场（古罗马时代）

情，应该就是他把本来用土坯建造的罗马变成了用大理石建造的罗马。他如此深信建筑的力量，从他的一句话中完全表现出来——他认为罗马的本质就是"建筑文明"。欧洲的文明就构建于罗马土建文明的延长线上，就构建于由希腊向罗马转换的延长线上，进而在它的延长线上产生了20世纪的文明。

这种发展的结果是产生了围绕在我们身边的被称作公共建筑的建筑群。我们的瞭望台方案，却再一次违背了建筑发展的方向，以地形本身作为材料，建造希腊剧场风格的建筑。我们要让时间倒流，让人为建起来的公共建筑回复到比希腊更早时候的山的原本姿态。

如果有人问我这个建筑的材料是什么，正确答案就是山。从选定用山做材料的时候开始，这个计划就启动了。在被削平的地

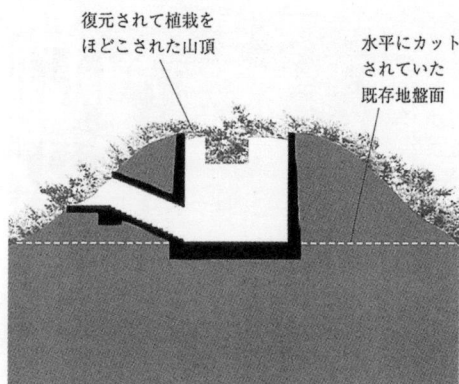

復元されて植栽を
ほどこされた山頂

水平にカット
されていた
既存地盤面

图 42　龟老山瞭望台截面图
（1994）

面上，打造一个 U 字型的框架，周围再堆满土，恢复这座山原本
的轮廓（图 42）。

　　龟老山的土质是细砂土。这种土是花岗岩风化而成的，它和
沙子一样很容易垮塌。所以最令人担心的，就是细砂土质的填土
会被台风带来的大雨冲刷掉。大雨导致土壤流失，露出混凝土的
防护墙，哪还谈得上什么"自然建筑""看不见的建筑"。于是，
我们在细砂土的深处铺设了不锈钢细网，而且为了进一步防止水
土流失，在土壤的上层播撒了一种粘稠的液体，里面混合了树木
的种子、肥料和绳子。在树木扎根之前，这些彼此交错的绳子可
以保护土壤表层。

　　什么是自然？

　　一旦决定将自然这未知的、深奥的东西作为材料使用，就必须
想方设法防止细砂土的流失，考虑细节时要预见到所有的危险，慎

142

重选择施工方法。

最简单、最没有风险的方法就是，建造混凝土盒子式的建筑，然后在院子里种上树。这是建筑业一贯的做法。就这样，遵循着一贯的工作与自然的界限，人造物与自然彻底分隔开，自然变成与我们毫无瓜葛的场所，平淡温顺。但是，若要改变将自然与人工分隔开的分隔线，哪怕只是改变一点，自然都会立即对我们采取行动。例如细砂土流失，山岭变成凄惨的秃山。我们很难完全预测自然的举动。

相反的，如果能够彻底着眼于自然与人工的界限，设想身处这个场所面临的所有风险，细心地重新设计这条界线，自然会展现出以往从未展现过的生动表情，充满活力地向我们靠近。

仔细观察一下，日本庭院就是一部向这条界线的设计发起挑战的历史。日本人是这样理解庭院的，它不是在既定的界线内各自比美，而是在摸索这条界线本身的画法，这无论对建筑还是对庭院来说，都关系着一个全新世界的创造。例如，在日本庭院里，人们不是从陆地上来接近建筑，而是利用船只从海上或池塘中向建筑靠近——这种方式也叫"舟入式"——实现了建筑与水面的融合。有一种叫做"沙洲"的设计，其中关于池塘和陆地的界线部分，我们很难明确地称其为人造物或是自然，这种设计极其微妙而模糊（图43）。又或者是桂离宫那令人惊叹的称作"桂墙"的设计（图44），将那里面正生长着的竹子折弯编织起来，做成一种叫做篱笆的人工界限。

无论是沙洲还是桂墙，都让我们回到原点重新发问，什么是人工，什么又是自然？对人工本身产生了疑义，向人工发出本源性的追问。对人工为何物的追问，最终演变成对生存是什么、人类的生存是通过牺牲什么伤害什么而实现的追问。我们在关注沙洲和桂墙的时候，不经意间竟然触及了这么深刻的问题。

日本庭院并不是依靠提供新造型来发展的，而是通过不断重新划定人工与自然的界限持续发展，通过不断追问人工是什么、自然是什么，持续进步。可以说，日本庭院是针对自然与人工的哲学性思考的产物。换一种说法，它不相信用语言表述的哲学，而是通过庭院不断将自然哲学化。一个偶然的龟老山项目，我在为不想在山中建纪念碑而焦虑不安的同时，竟完成了这样一项工作。

竣工日

在龟老山采用自然处理的手法，这个目标总算实现了，但最后我碰到了一个最难的难题。这个验证题就是，这个建筑完工的具体日期到底是什么时候。通常建筑工作的时间表安排就像前面提到的，是随"混凝土的时间"而定。因为混凝土在某个特定的日子就会固定下来，不能再恢复了，所以很容易确定竣工日期。但是，这个瞭望台在通常意义上的竣工日那天，填埋土上还满是黑泥，这种状态很难让人说"终于竣工了"。第二年春天种子发芽后，或许状况会

图 43　龟老山瞭望台，填埋土中撒了泥浆和种子的"未完工"状态（1994）

有所改观，但是还要等待一个冬天，因此很难就这样宣布已经完工。

最终这个建筑因为没有形状、没有外观，也就没有具体的竣工日期，相关人员竟然对此一致表示理解（图 43）。

一旦追问自然是什么、人工是什么，建筑的存在方式就都改变了。不仅如此，时间的定义也被改变了，甚至连时间的流逝方式都改变了。追问自然为何物，就是追问时间为何物，与此相联系的，就是追问生为何物、死为何物。

8

和纸——
最薄的墙壁

高柳町，阳乐屋 （2000）

在江户时代，日本的房子没有玻璃，都是用和纸将内外分隔开。当我意识到这一点时，极为震惊，犹如受到很大的冲击。日本开始生产平板玻璃是在1907年，这是"最近"的事。难道我们不能重新恢复那种纤细的文明，用薄薄的纸和木板来分隔内外吗？在这个台风、地震、雷电、大雪等灾害频发的国家，一张和纸隔开了建筑内外。人们就是这样与大自然这个对手交往的。在我意识到这令人震惊的事实、受到冲击之后，就一直在考虑、一直想要尝试创造以前那种柔和的建筑和柔和的文明，而不是用混凝土、钢铁、玻璃这类庸俗的素材守护我们的身体，远离大自然。

新泻的高柳町（现在的柏崎市高柳）有一个叫萩之岛的村庄，在保留了大量茅草屋顶民居的高柳町中，这里茅草屋顶房屋的比例尤其高，一到周末，这里会聚集来自日本全国各地的摄影师和画家，三角架和画架摆满田间小路。当我受到委托，要在其间设计一个小型的集会场所时，一开始觉得没有什么值得做的。只要配合周围的茅草屋顶房，确定面积大小，剩下就没有什么需要考虑的了。可是我仔细观察了一下周围的茅草屋顶房，发现这些房子不光装上了玻璃，甚至还嵌入了铝制窗框。当然，这样做密封性更好，即使台风来了也会很安心，这个理由可以理解。但是当我发现以前日本的房子是不镶嵌玻璃这些粗俗的东西时，就暗下决心，一定要在这片农田中实现我酝酿多年的挑战，也就是挑战这仅用和纸来分隔内外的建筑，将难以辨别其特性是野蛮抑或纤细的狭小空间变成现实。

小林康生先生

话虽如此，如果我没遇到手工和纸工匠小林康生先生——他住在离萩之岛不远的门出村，或许也不会下定决心发起挑战。小林先生洞察到，现在日本的手工和纸使用的楮树产自中国和泰国，这与以前日本的楮树纤维长度不同，触感也完全不同，于是他在自家院子里种植过去的老楮树树种，用它来制作和纸。虽然这工作大费周章，他却乐此不疲。小林先生告诉我，制作手工和纸既不是民间手工艺，也不是礼物，而是他现在赖以生存的一项技能。他不喜欢在和纸中加入树皮等异物，刻意增加杂乱的纹理，使和纸变身成民间手工艺品。有了小林先生的这项技能，只用和纸分隔内外产生的种种功能性问题——隔热性、通风、防水性、防火性、防烟——不都可以迎刃而解了吗？小林先生值得我寄予厚望，于是我决定和他一起，朝着我多年的梦想迈步出发。

但是，当我向小林先生提出"我想不用玻璃和窗框，只用和纸来做建筑"时，他只是冷冰冰地回答说："那很难。"然后是一段尴尬的沉默。"完工以后，肯定会有人抱怨的，会让我们返工，或是要求换成其他材料重新贴……"

我向旁边的春日先生求助。春日先生担任高柳町的故乡振兴课课长，也就是这个项目的发包方。但他并不只是机械地完成自己的分内工作。春日先生家的房子与这个项目所在的农田空地近在咫尺，距离如此之近，这附近会建什么样的房子对他来说绝不是身外之事。

希望自家玄关前无论如何都能建茅草屋顶的房子，这是春日先生的殷切期望，也是他的决定。在这个小镇里，甚至是同住在萩之岛的邻居中，有很多人反对建茅草屋顶建筑。他们认为，茅草屋顶房外观看起来很陈旧，由于修建茅草屋顶房的工匠越来越少而要花费更多的基建费，而且二三十年后它就会腐烂掉，建茅草屋顶房，只是在浪费税金。在人数过少的自治团体要直面紧张财政状况的窘境下，还要坚持建造茅草屋顶房，这是毫无经济观念、不懂世故的浪漫主义者。

"如果没有茅草屋顶房了，那高柳还剩下些什么呢？"春日先生反过来不断追问。他坚信，到处都是白铁皮屋顶和新型建材的房子，这样的高柳无论对都市人，还是对住在当地的人来说，都没有任何魅力。只有茅草屋顶房才是高柳的骄傲，才是高柳的灵魂，失去了这个骄傲，这个小镇或许就会慢慢走下坡路。春日先生就是考虑到这一点，才一直坚持"战斗"的。

用和纸做建筑，春日先生赞同我这个不顾后果的创意。他对小镇现状了如指掌，因为有了他的赞同，我更加确信这个创意的可行性。不管设计师有怎样的热情，情绪如何高涨，如果发包方不能共享这种热情，项目也无法顺利进行。当春日先生对用和纸建造的、公认的柔软建筑这个创意与我产生共鸣时，我确信这个项目一定会成功。

柿漆与魔芋

我开始用我们两个人的热情来说服小林先生。最终小林先生也屈服了。"嗯，如果让我在东京的工地上这么干，我绝对不干。不过因为这个在我家附近，就算让我返工，我也能很快赶过来。"他嘴里说着即兴台词，接受了我的想法。

"这样的话，就需要柿漆和魔芋。"一旦开始，各种想法就源源不断地从小林先生的口中冒出来。"魔芋？这不是用来吃的吗？"我问道。涂上柿漆就能增加和纸的强度，我听说过，但对魔芋的作用却不了解。原来，要将魔芋用热水化开变成糊状，然后用刷子涂抹到和纸上。如果不这么做，和纸在摩擦过程中，很快就会起毛，纤维慢慢松散，最终变得破破烂烂。

高柳地处多雪地带，一到冬天，厚重潮湿的积雪甚至会达三四米厚。这时仅靠纸的确难以承受雪的重量，就必须在和纸的外侧搭建木板。这叫防雪板，是很早以前在日本某些地区流传的传统技艺。但是，除了冬天，其他季节还会有斜吹进来的雨和台风。这时，防雪板也发挥不了作用，必须依靠这一张薄薄的、毫无把握的和纸来守护建筑，对抗斜打进来的雨点。只能期待魔芋和柿漆的魔力了。我们做了泼洒咖啡的试验，魔芋和柿漆的效果立刻显现。原来魔芋和柿子都不只是为了供人吃而存在的。

小林先生告诉我："这个方法曾用在气球炸弹上。"我听说过，在第二次世界大战期间，曾经出现过和纸气球炸弹这种让人不可思议的武器。我以为，这和为了防备敌人登陆而准备的竹刀一样，肯定也是一种自暴自弃和疯狂的产物。然而经过仔细调查，令人吃惊的是，和纸气球炸弹的诞生竟然是经过深思熟虑的，堪称当时最尖端的高科技武器。

第二次世界大战末期，日本已经没有使用乙烯类树脂做气球所必需的石油和经费。如果能用和纸做气球的话，还有能力调动日本全国各地的和纸生产商。最终，日本向美国发射了 4 万发和纸气球炸弹（名字叫做"富号"），其中的 600 发越过了太平洋，造成 6 名美国人身亡。据武器专家分析，作为无差别攻击武器，它的命中率高得惊人。竹刀根本无法与它相比。当时日本的大气层气流分析技术世界第一，用柿漆和魔芋强化和纸的技术也很完美，最终完成了这种令美国震撼的武器。

事实上，美国对此进行了严密的报道规定，有关这种武器造成的伤亡，报纸、电视、广播一律不能报道。美国实行了彻底的新闻管制。对于美国来说，这是进入 20 世纪后才经历的对本土的攻击，一旦明确了包含儿童在内的平民都有可能无差别地被杀害，会在美国国民中引起大范围的恐慌，因此美国政府禁止一切与此有关的报道。美国的研究机构对气球炸弹做了彻底分析，最终也没搞清楚纸与纸之间的黏合剂是什么。因为在美国，没有种植用于黏合的魔芋。

气球炸弹与原子弹

用树皮纤维制作的柔弱的薄纸，用手指轻轻一戳就破，但就是这薄纸让拥有强大技术与经济实力制造原子弹的大国吓得直哆嗦。高柳的这个小项目或许看起来并不正式，但我也想效仿气球炸弹。我越来越有干劲了。

在高柳的人们还在为茅草屋顶房的好坏围坐在一起认真讨论、伤脑筋的时候，东京正热火朝天地建造超高层建筑。先进技术和经济实力因一个目的集结在一起，在极短的时间内建成了高达二三百米的超高层建筑。人们是不会为了一个单纯的目的而投入人力财力，在短时间内建几百米的高塔的。用过时的茅草屋顶房与闪闪发光的超高层建筑对抗，被认为是不可能的。但是，有气球炸弹这个先例。日本全国的和纸生产商全都动员起来，将每个工匠亲手制作的和纸集合起来，就变成一股强大的力量。用不知来自何地的脏兮兮的薄纸做成的气球，令制造原子弹的国家胆战心惊。如果再次借助柿漆和魔芋的力量，战胜超高层建筑这个对手，那不是太棒了吗？听完气球炸弹这个故事，我们的情绪更加高涨。

当然，涂上柿漆和魔芋并不能解决所有的问题。安全、隔热、防火、阻燃等问题依然存在。为了保证安全，即使和纸被捅破了，外人也无法轻易闯入房间，所以拉门的木骨架特意加粗，间距也做小了。考虑到一旦扔个烟头引起火灾，会造成巨大损失，所以我们与专门做帘子阻燃加工的制造商配合，对和纸进行了防火、阻燃加工。为了隔热，我们贴了两层和纸，中间设置了阻断热传导的空气层，还在框架与框架的连接处加入了马海毛，以防止缝隙透风。

当然，尽管做到了这一步，与大企业精心设计的铝窗框的细节相比较，这种结构到处都是缝隙，在隔热性能上还是有很大差距。我们对这一点很清楚，但我们会尽全力去做我们能做的，这就是我们的一贯作风。我不会因为采用的是自然素材，就对它不好的方面视而不见，认为这都是正常的，因此偷工减料。我也不会突然改变立场。如果这边突然改变立场，那边也突然改变态度，就会渐渐偏离彼此的主张。结果就是各方的主张以谈判破裂收场，没有实现任何成果。为了避免这种毫无成果的对立，最重要的就是要认可对方的观点，自己能做的事情要尽最大努力来做。如果没有这种韧性，就无法再次使自然素材在建筑中复活。

因为全体成员都没有突然改变立场，我们在高柳完成了和纸建筑"阳乐屋"。地板、木板上全都贴上了用魔芋和柿漆处理过的和纸，一进入建筑中，就会给人身体被和纸包裹起来的错觉。这里有一种在混凝土建筑和铝窗框建筑中绝对体会不到的平静（图44）。

来自"富号"的信

关于气球炸弹还有一段题外话。高柳的建筑完成后，我在报纸上写了一篇小专栏，里面提到我用气球炸弹的技术在新泻的山中设计了一处小型的茅草屋顶房。不久后，我几乎同时收到了两张明信

图 44 高柳町，阳乐屋 （2000）

片，写的几乎是同样的内容，都是"我在二战中实际参与了气球炸弹的制作。看了您的文章后，很是怀念，于是就给您写信了"。原来"富号"并不是那么久远的事情。

不知从何时起，日本想要跻身于能够制造原子弹的国家、建造超高层建筑的国家行列。"富号"虽然在历史上已经很久远了，但就是在并不遥远的以前，这个国家还是站在"富号"这一边的。在这片朴素的大地上，到处充满了创造"富号"的技艺与力量。我想要再次唤醒这种力量，恢复大地与人类之间的联系。这两张明信片成为对我莫大的激励。

三得利美术馆的和纸墙

还有一段题外话。高柳的建筑竣工后不久，我就参与了东京Midtown 项目。这个项目占地 10 公顷，中间耸立的超高层建筑有 54 层，高达 284 米。用前面的比喻来说，它就是集结了时代最尖端资源的原子弹式的建筑。我受邀设计三得利美术馆。

　　这个项目的进展速度惊人。因为项目投资数额巨大，晚竣工一天，利息就是天文数字。无论设计还是施工，都要以工期为重。实际上在这种条件下，使用新素材，或是挑战以前从未尝试过的细节，都极其困难。要尝试新事物，当然要经过图纸阶段的反复讨论，这很耗费时间，即使在图纸上是可行的，如果不进行试验，以测试它的耐久性和易用性，人们还是会心存不安。就算设计师提出了新细节的方案，如果不能经历漫长的制作测试过程，不如放弃。必须首先用现成的素材、细节排序、组合方式来配合工期的要求。结果，这类建筑在被赞扬成"城市的先锋""时代的最高峰"的同时，很容易变成平淡乏味的、似曾相识的建筑拼凑体。

　　在寸土寸金的东京市中心，虽说是众人瞩目的建筑，但要模仿这种"成人化"的做法，很无趣。抱着这种想法，我要尝试在三得利美术馆中，从材料到细节进行全面的反抗。在工期的巨大压力中，我不断挑战极限。最大的挑战是，将小林先生的和纸用在最大的一面楼梯井墙面上。

　　在这么大规模的项目中，使用脆弱的自然素材本身就很不寻常。它违背了"成人"的常识。自然素材存在会变色、易受损的问题。正因如此，尽管自然素材具有独特的温度、气味，但作为管理大型设施的一方，对变色和损伤的抱怨成为最突出的问题。因此，有些地方虽然看起来使用的是木材，实际上使用的是印有木纹图案的塑料薄膜。这就是"成人"的选择。

更不用说手工和纸，人们最初的反应肯定是不把它列入考虑范围内。怎么做维护？能赶得上工期要求吗？这些带有强迫意味的提问，必须给出满意的回答。一个每天有数千人参观的设施，人们若只是出于好奇摸一摸和纸，和纸很快就会变得脏兮兮的，对于这样的疑问也必须做出回答。

我曾多次这么想，如果我放弃用和纸，或许事情就会变得简单而没有争议了吧。有一种类似和纸的纸，乍一看好像是手工制作的，其实是在工厂里大量生产出来的。刻意选用手工和纸，在建筑完工后夜里还一直辗转难眠，连我自己都觉得很傻。但是，在这里我却想实现小林先生的"富号"。即使是在这么大规模的开发项目中，即使工期要求令人窒息，只要有心还是能够使用手工和纸这种满是缺点的素材。我想以此来让人们在东京最先进的开发项目中央，体会个人的技艺与坚韧的价值。

小林先生开足马力工作，半个月的时间在自家农田的小作坊里生产了1200张和纸，全部都是手工制作。柿漆、魔芋这些"技能"也为我说服人们发挥了重要作用。无论如何，在高柳，即使是在台风来临的日子里，柿漆和魔芋也能守护住柔弱的和纸（图45）。

图45　三得利美术馆，前厅　（2007）

和纸的横纹

将话题再次转回细节问题。小林先生不喜欢大量掺入树皮黑色的部分，故意混合粗纤维，做出手工风格的粗糙纹理。即使如此，小林先生做出的和纸的纹理和一般的和纸还是有些不同。仔细一看，就会发现在小林先生制作的和纸上，有一些细细的横纹，它们并不明显，很容易被忽略。

昭和三十年代之前的手工和纸全都带这种横纹。从那之后，即使是在真正的手工和纸上，这种纹路也消失了。原因是在制作手工和纸的过程中最重要的道具——帘子的制作方法发生了变化。以前制作帘子都是用细茅草，然后用马尾毛捆扎起来。昭和三十年代以后的帘子，用细竹签取代了茅草，而且用丝线捆扎。以前，细竹签因为需要对竹子进行加工而价格更高，现在正相反，茅草更贵。帘子的这种转变会改变什么呢？细竹签是将竹子进行人为加工的产物，它的直径都是统一的。而且，因为是用细丝线捆扎，竹签与竹签之间的缝隙都很小，间距也很统一。茅草的直径却各不相同，马尾毛又很粗，所以缝隙很明显，仔细一看就能发现做好的和纸上的横纹。

小林先生和我都非常偏爱这种横纹。虽然不仔细看很难发现，但是否有这种纹路，纸的透明感完全不同。以前带横纹的手抄和纸有一种微妙的透明感，而最近的手抄和纸感觉湿湿的，很厚重，无法让人感受到那种空间就此消失的轻盈的透明感。

为了制作这种横纹，小林先生收藏了一种特别的帘子。这是拜托制作帘子的工匠为他特别制作的，小林先生给它起了个爱称，叫"宇治帘"。用这种"宇治帘"抄纸，传统的横纹得到了重生。"用日本的楮树抄纸，表面就会变得这么光滑。"现在的小林先生就和他当初低声说出这番话时一样激动。这是不仔细观察就会忽略掉的差异。这关系到倾注其中的心血的价值是否得到了认可。高柳项目中的和纸与三得利美术馆中的和纸，全都带横纹。在横纹的背后，隐藏着人们付出的大量精力与时间。

终章

自然的建筑是可持续的吗？

关注日本建筑的视线

我在国外实地参与建筑项目或是发表演讲时，常常惊讶于人们对日本建筑和建筑师的关注程度之高。探寻一下原因，我发现不单单是因为人们喜欢简约风格的设计，其背景是人们对于日本建筑的评价或期许，即日本建筑是温柔对待大自然的建筑，是珍视自然的建筑。从希腊、罗马到 20 世纪的现代主义，以西欧为中心发展起来的建筑史的大趋势，最终导致了今天的城市问题和环境问题。日本的建筑传统难道不正是西欧建筑的对照吗？这就是对日本建筑的评价。

在这么高的评价之外，人们还抱有科学性的期待，希望日本的建筑设计真正有助于解决地球环境问题。这并非不可思议。地球的环境问题已经变得如此深刻而迫切，谈到自然与建筑的话题时，人们自然不会只满足于美学上的模糊解释，在科学层面上的关注是必然的潮流。

木材与环境问题

在国外，演讲结束后我都会留出提问时间，有很多人从科学的角度对我设计的建筑提出疑问。比如，有人会问我："用木材建造而成的建筑，外观看起来或许很漂亮，但是会不会造成森林砍伐的问题呢？"

对于这个问题，我要诚实地、科学地回答。"保护木材资源，最重要的就是有计划地采伐与育林相结合。只要做到这一点，森林就能成为可持续利用资源。相反的，日本的森林因为受国外廉价木材的影响，本国的木材采伐得越多亏损越大，再加上没有间伐的费用，森林就任其荒置，引起了各种各样的环境问题，如表层土壤营养状况不良，土壤因失去保水性而导致洪水等。因为木材具有通过光合作用将二氧化碳固定在其内部的作用，所以长期将木材作为使用寿命长的建筑材料小心使用，对抑制全球变暖会产生很好的效果。"我经常像优等生一样回答问题。"即使使用同样的木材，如果将俄罗斯和美国的木材运到日本使用的话，运送时也会产生二氧化碳的排放，这会减弱抑制变暖的效果。我们最好还是使用自家后山的木材吧。"

和纸建筑的环境负荷

另一个经常提到的问题，是与新泻高柳的和纸建筑有关。"和纸的确很柔软，感觉也很好，但它的隔热性和密封性怎么样呢? 它最终不会变成浪费空调能源的建筑吗? "

只用一张和纸将内部和外部分隔开，这在习惯了厚厚石墙的西欧人看来，非常不可思议，也是不合理的。而且听说当地竟然是积雪达三四米厚的多雪地带，他们更是倍感疑惑，所以才会提出这样的问题。

对这个问题，我会根据当天的心情而作不同的回答。"我自己一开始就不相信计算。在计算对环境的负荷时，根据对环境这个范围的不同设定，计算的结果完全不同。在环境问题上，昨天还是坏蛋的突然会得到好评，昨天的好人突然就变成了坏人，这经常发生。改变计算的范围，计算结果马上发生逆转，这就是环境问题，所以我不会简单相信今天的计算结果。"有时我会这样将问题处理掉。的确，环境问题有这样一个方面，但是作为一个在大学工学部任教的人，我在想自己又该怎么做呢？

环境技术与文化

在我的情绪更加温和、亲切的时候，我会尝试用生活方式的文化差异来进行解释。"日本和欧美对身体舒适性的定义从根本上就不同。在欧美，只用房间的空气温度来定义舒适性。寒冷的日子里，必须提高房间整体的室温，所以他们得出结论，在和纸建筑中这么做会花很多的暖气费，浪费能源。但是在日本，最初并不是像欧美那样整个房间都装暖气。比如说，日本有一种叫被炉的家具，将腿伸进带被子的小桌下，腿的部分就暖和了，即使室温很低，人们也很舒适。完全没必要提高整体室温。反而在室温较低时，人们的头脑更为清醒舒服。我要再次审视日本长久流传下来的生活智慧。如果用欧美的室温至上主义来评价这种和纸建筑的话，或许它会被打上能源消费型的烙印，但用这种单一的评价方法来评判，就会否定各种文化所带有的独特的环境技术因素，世界会因此变得单一，这不是更糟糕吗？"

话虽这么说，但是在日本，到处是缝隙的房子里，暖气炉熊熊燃烧的人家也有很多，所以我也不是那么理直气壮的。

第三个比较多被提及的问题，是有关自然素材使用的。我在这本书中提到的作品，使用的都是木材、石材、和纸这一类自然素材，基本没人提出异议。但我有时也会使用塑料来设计建筑。"我对木材和石材的建筑会产生共鸣，为什么您要使用塑料来建造建筑呢？"我屡次被人这样质问。

"自然素材与人工素材的界限有那么明确吗？塑料如果追根溯源的话，就是生物的遗体。在自然与人工之间画一条明确的界限，一边是好的，一边是坏的，这根本就是西欧二项对立思维方式的恶习。我想要创造超越二项对立的建筑。"我偶尔会这样毫不客气地将问题甩开。

在我心情比较好的时候，会耐心地对使用塑料的项目进行解释。例如，当我接受委托设计法兰克福应用艺术博物馆花园里的茶室时，我采用一种新型聚酯类薄膜来做建筑（图46）。是用土墙来做，还是用和纸，又或者是竹子？当我为此左右为难时，博物馆的馆长修奈德提醒我："德国可不是日本啊。如果用那些柔软的素材来建的话，在德国一晚上就会被搞得乱七八糟！"我却不想就此突然改变立场，直接说"那就用混凝土来建吧"。经过一番挣扎，我最终提交的方案是只需在使用时注入空气就会膨胀起来的茶室（图47）。因为

图 46　法兰克福的茶室　（2007）

图47　注入空气的法兰克福的茶室　(2007)

茶室在不用时会变瘪，轻松收纳起来，所以不论德国有多么疯狂的家伙，也不用担心茶室会遭到破坏。

　　要建造这种时而膨胀时而变瘪的建筑，这种新材料最合适。因为这种材料是石油衍生品，我有些不自信，但利用空气时而膨胀时而变瘪的柔和动作，与向来坚硬、一成不变的建筑完全不同，其实它的感觉更接近生物。弗兰克·劳埃德·赖特提倡有机建筑，他的有机建筑虽然也有曲面，也对内部与外部的界限做了模糊的处理，但建筑本身很少有像生物那样的律动。在法兰克福的莱茵河畔，在白色薄膜内喝茶，这就好像进入了生物的内脏一样，令人感觉不可

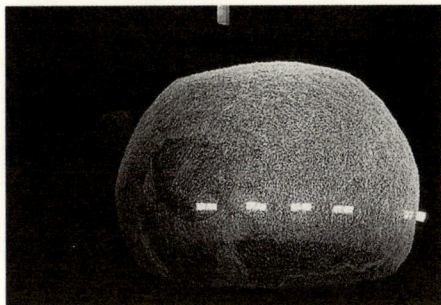

图 48 用形状记忆合金建造的、根据温度改变形状的展馆 K×K (2005)

思议，情绪得到舒缓。

几乎与此同时，我尝试使用一种叫做形状记忆合金的特殊金属，建造根据温度变化而改变形状的建筑（图48）。这次选用的材料是金属，这在自然素材原理主义者看来，恐怕又是不纯粹的建筑。

MOMA 的 Waterbranch

我接受纽约现代艺术馆（MOMA）的邀请参展，展览的名字很奇特，叫做"Home Delivery"，我的参展作品叫"Waterbranch"，因为它用塑料制成，所以对它的提问也很集中。

这个"Waterbranch"的创意我酝酿了很长时间。正像我在下关安养寺的土坯那章提到的，无须委托专业人士，外行人也能凭借自己的力量垒砌起来，我一直对这种砌体结构很关注。不用依靠大型机械，也无须倚赖大型企业，只靠自己的力量来打造自己的空间、自己的建筑。如果能做到这一点，建筑的世界或许会

图49　工程工地上的聚酯桶

变成气氛融洽、民主的世界。我一直抱着这样一个孩子气的幻想。所以，我对将自家庭院的土晒干，随便谁都能做出来的土坯块一直很感兴趣。

　　但是，在实际操作的时候，土坯块有点太重了。用一个人的力量来砌筑一栋建筑，有些勉为其难。一旦这种建筑因地震而倒塌，会造成很大伤亡，所以必须在连接上多费些心思。难道没有更轻、更容易处理的砌块吗？正在我摸索时，在道路工程工地遇到了有着奇妙形状的聚酯桶（图49）。为了防止人们进入工地，那里摆放着一些聚酯桶。仔细一看，桶里面都盛满了水。人们将重量很轻的空桶搬到工地上，然后将水注入。如此一来，即使狂风大作也不会被吹走的路障就做好了。等到工程完工，只要抽掉里面的水，它又变回以前便于搬运的轻桶。

　　如果将这个创意拓展运用到建筑上，或许就能创造出充满韧性的、民主的建筑体系，这是土坯块无可比拟的。我突发奇想，尝试制作聚酯桶，就好像孩子们玩的放大版的乐高积木（图50）。组

图 50 乐高型水块 （2004）

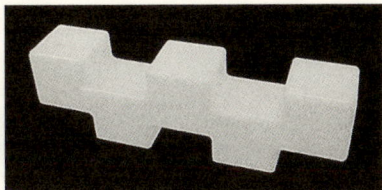

图 51 在 MOMA 的 "Home Delivery" 展上展示的 "Waterbranch" （2008） 。宽 50 厘米，高 15 厘米

装的原理和乐高积木一样，一层一层垒上去，就建成了一堵高墙。这个构思的奇妙之处就在于，将下面的砌块里注满水，使它变沉，这样整个建筑就变成稳定的建筑了。

有一点值得关注，这种类似乐高积木的结构，墙壁很容易建造，要在上面架设屋顶，却很困难。如果每一块都能横向伸展出去，架设一个拱形的屋顶，只用砌块不仅能做墙壁，连顶棚、屋顶这些全都能做。为此不能用乐高型的砌块，长一些的条状砌块更适合（图 51、图 52）。

因为它是长条状的，很像小树枝，所以我给它起名叫"Waterbranch"（水枝）。"树枝"层层重叠，外形如森林一样复杂，这种结构体真的很美。

此外，我还特意在这条状树枝的两端装上了阀门，使树枝本身变成液体流动的管道，发挥它像树枝一样吸收水分和养分的功能。如果里面流动的是温水，就实现了地暖和墙暖。这种新型的水块就好像植物的细胞一样充满韧性。它与传统建筑的建筑材料截然不同。

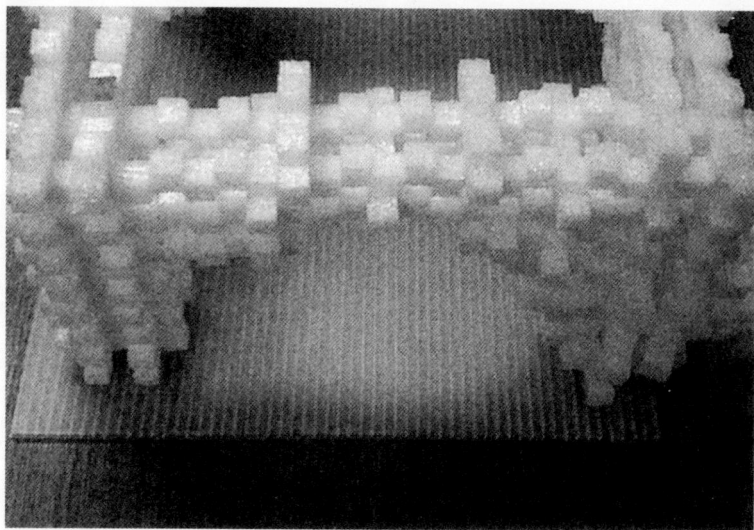

图 52　用图 53 的 Waterbranch 建造的带屋顶的展馆　(2008)

在传统建筑中，墙是墙、装饰材料是装饰材料、管道是管道，各自只能发挥其既定的作用。只要感觉自己与自然所具有的无以言喻的柔软性哪怕更接近一点，我都会非常高兴。

尽管如此，由于它是由石油衍生出来的材料，我还是无法充满自信。在演讲中解释这种砌块时，稍有深入我就有些胆怯。但是，难道真的有 100% 胸有成竹的建筑吗？在生产过程中，以及运送、组装过程中，所有的建筑素材都在以某种形式破坏着环境、破坏着珍贵的大自然。如果有人拍着胸脯 100% 地作保证，这种人才是最不可信的。

　　最重要的是，要正视没有信心这个现实，在承认这令人内疚、没有信心的现实的基础上，针对它反复推敲现实的解决对策。建筑的希望只存在于这种对现实的认知和这种谦虚的态度之中。我认为真正意义上的自然的建筑就始于这种不自信。

后 记

为了表达对我在写这本书时给予我帮助的各位的谢意，我开始写后记。但是一提笔，各种各样的面孔就浮现在眼前，一时间我变得混乱起来。

具体的图书出版环节，我得到了岩波书店的千叶克彦先生、伊藤耕太郎先生的大力支持。此外，我还全权委托我们设计事务所的稻叶麻里子小姐，让她在事务所保存的海量建筑图片、图纸中进行选择、整理。

通常致谢到这里就结束了。但是这本书有点特殊。如果没有人们竭尽全力帮助我实现书中提到的"自然的建筑"，也就不会有成为本书素材的故事了。从这个意义上来说，这本书真正的作者，是与这些建筑有关的人们。

若要问与此有关的人究竟是谁，在"自然的建筑"的范畴下，它的范围异常宽泛，甚至会到达宇宙的尽头。用木材建造建筑，眼前首先浮现的是拥有精湛技艺的木工师傅们，但是在他们背后还有精心守护森林、培育树木的人们，进而在他们背后还有一群人，他们以管理水源的人为代表，守护、支撑着自然环境极其纤细的循环系统。

接下来，我必须要对"自然的建筑"的客户表达深深的感谢之情，这与对普通建筑客户的感谢是不能相提并论的。正如我在书中反复提到过的，"自然的建筑"易损，易变色，缺点很多，日常维护也比较麻烦。在了解到这些缺点之后，他们仍旧断然做出重大决定，要建造"自然的建筑"，并一直仔细维护。我对这几位客户的感谢，无以言表。

如果没有他们的重大决断，一切都无法开始，最终也会一无所成。我们是在追逐着这些决断的踪迹开始奔跑的。要尽力激发、拯救这满是缺点的自然素材，要将它以建筑的形态呈现出来，朝着这个目标，我们绞尽脑汁，全力以赴。

"自然的建筑"恐怕是只有建立在极度宽容的基础上才能够实现的建筑。我有幸被这巨大的宽容包围着，一直从事着建筑工作，竟然还完成了这本书。我要再次对这宽容表示感谢。

图书在版编目（CIP）数据

自然的建筑／[日]隈研吾著；陈菁译. —济南：山东
人民出版社，2010.9（2021.3重印）
ISBN 978-7-209-05469-0

Ⅰ.负… Ⅱ.①隈… ②陈… Ⅲ①建筑史—世界
Ⅳ.①TU—091

中国版本图书馆CIP数据核字（2010）第156729号

SHIZEN NA KENCHIKU
by Kengo Kuma
©2008 by Kengo Kuma
Originally Published in Japanese by Iwanami Shoten,Publishers
Tokyo,2008.
This Chinese(simplified character)Language edtion Published in 2010.
by Shandong People's Publishing House,Jinan
by arrangement with the author c/o Iwanami Shoten,Publishers Tokyo

山东省版权局著作权合同登记号 图字：15－2009－152

责任编辑：王海涛
装帧设计：宋晓明

自然的建筑

隈研吾　陈　菁

山东出版集团
山东人民出版社出版发行
社　　址　济南市胜利大街39号　邮政编码：250001
网　　址　http://www.sd-book.com.cn
发 行 部　（0531）82098027　82098028
新华书店经销
天津图文方嘉印刷有限公司制版

规　　格　32开（148mm×210mm）
印　　张　5.875
字　　数　160千字
版　　次　2010年9月第1版
　　　　　2021年3月第5次
书　　号　ISBN　978-7-209-05469-0
定　　价　28.00元
如有质量问题，请与印刷厂调换。010－84488980